DANS LA MÊME SÉRIE

1988
Alan Booth, *Les Chemins de Sata.*
Thorkild Hansen, *La Mort en Arabie*, coéd. L'Aire.
Ma Jian, *La Mendiante de Shigatze.*
Göran Tunström, *Partir en hiver.*

1989
Cabeza de Vaca, *Relation de voyage (1527-1537).*
Isabelle Eberhardt, *Lettres et journaliers.*
Théodore Monod, *Méharées.*
John Steinbeck, *Dans la mer de Cortez.*
Cees Nooteboom, *Le Bouddha derrière la palissade.*
Thorkild Hansen, *Jens Munk.*

1990
Lieve Joris, *Mon oncle du Congo.*
Tom Miller, *La Filière des panamas.*
Marc de Gouvenain, *Retour en Ethiopie.*
Guido Gozzano, *Carnets indiens.*
Adriaan Van Dis, *Sur la route de la soie.*
Cilette Ofaire, *Le San Luca.*
Philip Glazebrook, *Flâneries ottomanes.*

1991
Marc de Gouvenain, *Un printemps en Sibérie.*
Théodore Monod, *Plongées profondes.*
Tobias Schneebaum, *La Demeure des esprits.*
Thierry Guinhut, *Le Recours aux monts du Cantal.*
Amelia B. Edwards, *Une dame dans les Dolomites.*
Gontran de Poncin, *Kablouna.*
Erskine Caldwell, *A l'ouest du Mississippi.*
Alain Hervé, *La Proximité folle du paradis.*

1992
Vassili Peskov, *Ermites dans la taïga.*
Théodore Monod, *L'Emeraude des Garamantes.*
Zhang Xinxin, *Au long du Grand Canal.*
Tom Miller, *Sur la frontière.*

"TERRES D'AVENTURE"
série dirigée par Marc de Gouvenain

TERRES D'AVENTURE – ACTES SUD
Série éditée avec la collaboration
d'Hervé Derain et Daniel Popp
Conception : Marc de Gouvenain et Bertrand Py
Maquette : Christine Le Bœuf
Illustration de couverture : Miles Hyman
Cartographie : Christine Le Bœuf

Les manuscrits sont à adresser à Actes Sud,
Le Méjan, 13200 Arles.
Informations presse : Régine Le Meur, tél. (16) 66 83 20 22.
Informations libraires : tél. 90 49 86 91.

Informations voyages : Agence Terres d'aventure,
16, rue Saint-Victor, 75005 Paris, tél. 1. 43 29 94 50.

LE FER DE DIEU

ŒUVRES DE THÉODORE MONOD

LE LIVRE DES MARTYRS, "Vie des Saints", extrait du martyrologe protestant de Jean Crespin, La Cause, Neuilly, 1930.
MÉHARÉES, EXPLORATIONS AU VRAI SAHARA, Je sers, Paris, 1937 ; deuxième édition 1947, nouvelle édition Actes Sud, Arles, 1989.
LIVRE DE PRIÈRES (tiers ordre des Veilleurs), Labore Fides, Genève, 1937.
L'HIPPOPOTAME ET LE PHILOSOPHE, Julliard, Paris, 1943 ; deuxième édition 1946.
BATHYFOLAGES, PLONGÉES PROFONDES, Julliard, Paris, 1954. Nouvelle édition Actes Sud, Arles, 1991.
LES DÉSERTS, Horizons de France, Paris, 1973.
NOTES SUR GEORGES GLAS (1725-1765), fondateur du port Hillsborough (Sahara marocain), Madrid-Las Palmas, 1976.
DE TRIPOLI A TOMBOUCTOU : LE DERNIER VOYAGE DE LAING, 1825-1826, Geuthner, Paris, 1977.
L'ÎLE D'ARGUIN (MAURITANIE), essai historique, Centro de Estudos de Cartografia Antiga, Lisbonne, 1983.
L'ÉMERAUDE DES GARAMANTES, SOUVENIRS D'UN SAHARIEN, première édition L'Harmattan, Paris, 1984. Nouvelle édition Actes Sud, Arles, 1992.
DÉSERT LIBYQUE (NOTES DE VOYAGE), Et. Sahara et Ouest-Afrique, Nouakchott/Paris, 1989.
MÉMOIRES D'UN NATURALISTE VOYAGEUR, AGEP, Marseille, 1990.
SORTIE DE SECOURS, collection "Les Raisons de la colère", Seghers, 1991.

En collaboration :

"LE MONDE NOIR", numéro spécial de *Présence africaine*, dirigé par Théodore Monod, mars 1950.
ANTOINE RISSO 1737-1845, avec J.-C. Hureau *et al.*, Nice, 1978.
SAHARA, DÉSERT MAGIQUE avec J.-M. Durou, AGEP, Marseille, 1986 (et éd. anglaise *Sahara Magic Desert*, 1986).
DÉSERTS, avec J.-M. Durou, AGEP, Marseille, 1988.

ISBN 2-86869-945-6

Théodore Monod
Brigitte Zanda

LE FER DE DIEU

HISTOIRE DE LA MÉTÉORITE DE CHINGUETTI

ACTES SUD
HUBERT NYSSEN EDITEUR

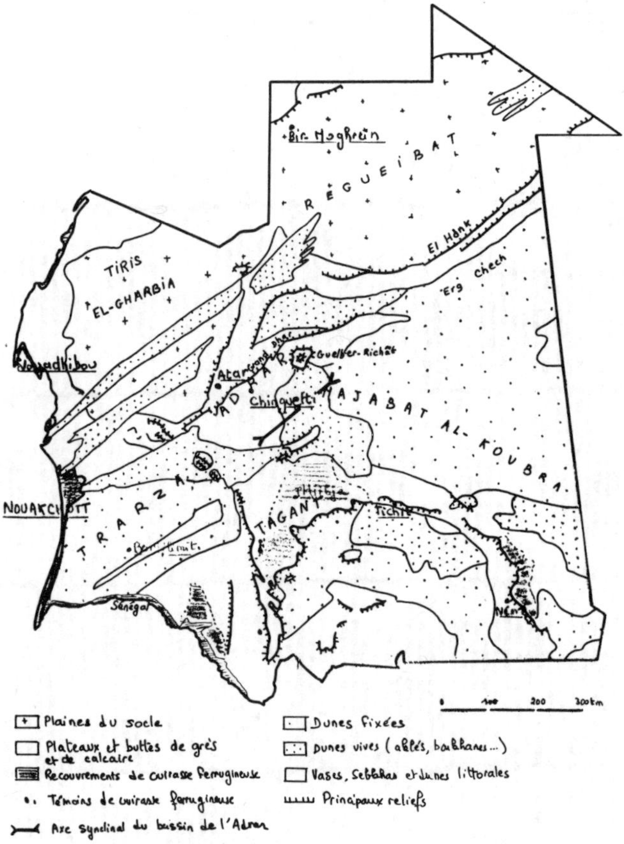

1. Croquis géomorphologique simplifié de la Mauritanie, montrant les reliefs majeurs et les régions dunaires. Les principales localités y sont également figurées. (D'après l'*Atlas de la république islamique de Mauritanie*, 1977.)

PRÉFACE

Une météorite grosse comme vingt maisons, plantée dans le désert, cela doit se voir. Et pourtant... La pierre de Chinguetti, décrite voici trois quarts de siècle par un militaire administrateur et naturaliste, a disparu. A-t-elle jamais existé ? Les meilleurs enquêteurs se sont penchés sur le mystère, ils nous proposent un dossier où manque encore le mot fin. Les détectives sont ici, il est vrai, des scientifiques : l'intime conviction n'efface pas tout à fait, dans leur conscience, le doute qui est le moteur naturel de la recherche.

Théodore Monod, fin connaisseur et grand protecteur de la nature, Brigitte Zanda, experte en météorites nous content cette étrange "affaire" avec le mélange d'humour et de sérieux qui lui convient. Lisez ce petit ouvrage : vous y trouverez plaisir et profit.

HUBERT CURIEN

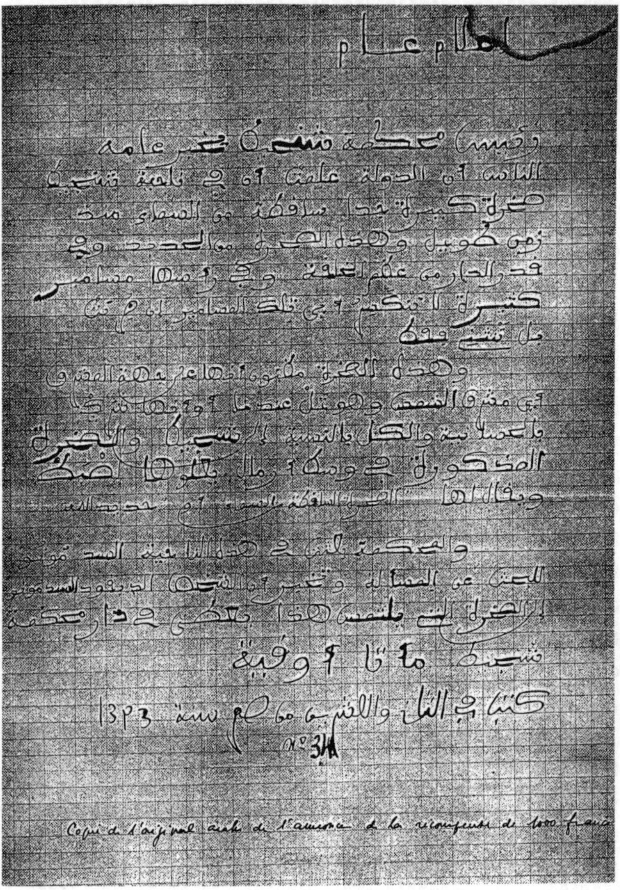

اعلام عام

Copie de l'original arabe de l'annonce de la récompense de 1000 francs

2. Avis à la population, Chinguetti, 5 juin 1934.

PROLOGUE

5 juin 1934, dans l'Adrar, cette *"région austère, bouclier noirci veiné de sables clairs"*, en plein Sahara occidental. Plus précisément : à Chinguetti, dans ce ksar* le plus saharien de l'Adrar, ou du moins le plus conforme au concept officiel du Sahara, popularisé par la carte postale et le chromo : une palmeraie associée à une dune, l'oasis classique ; une vieille cité qui fut célèbre, et pour l'activité de son commerce et pour l'érudition de ses savants ou l'habileté de ses poètes. A Chinguetti, un militaire des Groupes nomades sort du poste.

Depuis la veille au soir un fort vent de sable souffle et obscurcit l'air d'une désagréable couche de poussière. L'homme longe le mur, s'approche du panneau d'affichage et, tenant ferme les deux feuilles de papier qu'il a en main, il entreprend de les placarder. Sur l'une le texte est écrit en arabe, sur l'autre en français, les deux versions sont identiques :

Aux habitants de la région de Chinguetti

Le résident, chef de la subdivision de Chinguetti, fait connaître à tous que le gouvernement a appris qu'il y avait dans la région de Chinguetti une très grande pierre tombée du ciel il y a très longtemps.

* Les mots suivis d'un astérisque renvoient au glossaire en fin de volume, page 131 *(N.d.E.)*

3. Echantillon n° 1291 de la collection de météorites du Muséum national d'Histoire naturelle : l'une des "moitiés" du petit bloc météoritique (env. 9 x 15 cm). (Photo : G. Segerer.)

Cette pierre est en fer, elle est aussi grosse qu'une maison ; au sommet, elle porte plusieurs pointes et si l'on frappe sur ces pointes on ne peut pas les briser mais seulement les plier. La pierre se trouverait à l'est ou au sud-est de Chinguetti, dans les dunes couvertes de sbot : on l'appelle la "pierre tombée du ciel" ou le "fer de Dieu". Le gouvernement a envoyé dans la région Monsieur Monod pour étudier l'affaire et annonce que la personne qui conduira Monsieur Monod à la pierre, que celui-ci recherche, recevra, au bureau de la Résidence, la somme de mille francs.*

Chinguetti, le 5 juin 1934.

Sur la version arabe, l'avis est signé : Lieutenant Le Bihan.

Ce n'est pas la première fois, loin de là, que la météorite est mentionnée par écrit ni même, apparemment, la première fois que l'on propose de l'argent pour éclaircir l'énigme.

Car mystère il y a. Depuis 1924 géologues et astronomes s'interrogent sur l'existence d'une météorite géante qui devrait se trouver dans la région de Chinguetti, en plein Sahara mauritanien. En effet, le capitaine Gaston Ripert, résident[1] de Chinguetti en 1916-1917, avait récolté dans la région, dans des circonstances sur lesquelles nous reviendrons plus tard, un petit bloc météoritique pesant 4,5 kg et affirmé avoir ramassé celui-ci *"sur une énorme masse métallique mesurant une centaine de mètres de côté et une quarantaine de mètres de hauteur"* (cf. Lacroix, 1924).

Le bloc rapporté fut analysé mais l'imagination était mise en éveil par "l'autre", qui aurait été – à supposer qu'il existe – la plus grosse météorite du monde entier. Certes, pareilles dimensions étaient bien faites pour enflammer les esprits, mais suscitaient également des doutes : comment une telle masse aurait-elle pu s'être posée sur la surface terrestre sans en marquer la topographie ? Le mythe du "fer géant" de Chinguetti était né, qui devait provoquer bien des recherches dans la région, au cours des décennies qui suivirent.

C'est à la reconstitution de cette "affaire" mystérieuse que l'on invite le lecteur dans le présent essai. Nous avons voulu mettre à sa disposition l'essentiel des documents susceptibles de guider son opinion. En effet, quoiqu'une solution acceptable, appuyée sur des arguments scientifiques, puisse être proposée aujourd'hui, bien des incertitudes et zones d'ombre demeurent dans ce problème tant psychologique qu'historique, et l'énigme ne semble pas totalement dissipée…

1. Il s'agit là d'une fonction administrative équivalente à celle de sous-préfet. Chaque subdivision d'un cercle était administrée par un chef de subdivision ou résident, qui était souvent le seul représentant sur place de l'autorité française. La subdivision de Chinguetti dépendait du cercle de l'Adrar dont le chef-lieu était situé à Atar.

REMERCIEMENTS

Parmi les institutions auprès desquelles nous avons pu recueillir des données utiles et que nous tenons à remercier des facilités qui nous ont été offertes, on doit citer :

– Académie des sciences (Archives : Fonds A. Lacroix, J. Bosler et G. Bigourdan).

– Muséum national d'Histoire naturelle (Laboratoire et Galerie de minéralogie, Bibliothèque centrale).

– Institut fondamental d'Afrique noire (dossier Météorite de Chinguetti).

– Service historique de l'armée de terre (dossier G. Ripert).

– Académie des sciences d'outre-mer (secrétariat et bibliothèque : renseignements H. Hubert).

– Archives nationales du Sénégal.

– Bibliothèque de l'Institut de France.

– Bureau de gestion des personnels et de la réglementation des services du premier ministre (dossier G. Ripert).

– Centre national de la recherche scientifique.

– Chancellerie de la Légion d'honneur (dossier G. Ripert).

– Dépôt des archives d'outre-mer, direction des Archives de France, Aix-en-Provence (dossier H. Hubert).

– Direction des mines et de la géologie du Sénégal.

– Institut d'astrophysique de Paris.

– IMAGEO.

– Préfecture de Chinguetti.

Les personnes dont la liste suit ont également droit à notre gratitude :

– Jacques Blamont (Service d'aéronomie du CNRS, Verrières-le-Buisson).

– Colonel Borricand.

– Colonel Lucien Bosler (Marseille).

– Michèle Bourot-Denise (CNRS, Laboratoire de minéralogie du MNHN, Paris).

– Etienne Brosse (Paris).
– Vagn Buchwald (Instituttet for Metallaere, Lyngby).
– Simone Caillère (Laboratoire de minéralogie du MNHN, Paris).
– Marie-Françoise Courel (IMAGEO).
– Paul Delmond (ancien administrateur en chef des colonies, Baumes).
– Pierre Fontes (université Paris-XI, CSNSM, Orsay).
– Roger Foy (IFAN, Dakar).
– Robert Fudali (Smithsonian Institution, Washington).
– Jacques Gallouédec (ex-officier aviateur, Nouakchott).
– Michèle Gendreau-Massaloux (recteur de l'université de Paris).
– Andrew Graham (British Museum, Natural History, Londres).
– Marcel Guener (Nouakchott).
– Raymond Guitat (Nice : documents concernant G. Ripert et sa famille).
– Catherine Hustache (archiviste, Bibliothèque centrale MNHN, Paris).
– Bruno Lamarche (Nouakchott).
– Claude Le Meur (chef du bureau de gestion des personnels et de la réglementation des services du premier ministre, Paris).
– Olivier Noyelle (étudiant en histoire, université Paris-XI, Orsay).
– Paul Pellas (CNRS, Laboratoire de minéralogie du MNHN, Paris).
– Claude Perron (CNRS, Laboratoire de minéralogie du MNHN, Paris).
– Karel Procop (réalisateur, Paris).
– Grant Raisbeck (laboratoire René Bernas – CNRS, Orsay).
– Eugénie Ripert (Nice).
– Patrick et Brigitte Ripert (Paris).
– Ludolf Schultz (Max Planck Institut für Chemie, Mainz).
– Guillaume Segerer (service photographique du MNHN).
– Bernard Servelle (université Paris-VI, Paris).
– Colonel Martin Siegfried (Paris).
– Jacques Skrok (Galerie de minéralogie du MNHN)
– Michel Tagger (Paris).
– Françoise Yiou (laboratoire René Bernas – CNRS, Orsay).

1

UNE UNIQUE PIÈCE A CONVICTION

Décembre 1917. L'administrateur des colonies Gaston Ripert, mobilisé comme capitaine, quitte la Mauritanie où il a exercé pendant près d'un an la fonction de résident au poste de Chinguetti. De passage à Dakar, il rencontre son camarade[1] Henry Hubert, géologue, ancien élève du célèbre minéralogiste Alfred Lacroix. Il lui remet à cette occasion un échantillon rocheux remarquable, d'une masse de 4,5 kg, que Henry Hubert identifie comme étant d'origine météoritique. Gaston Ripert lui-même semble avoir eu dès le départ cette idée, ainsi qu'il le confirme dans une lettre du 16 octobre 1932 au professeur Jean Bosler, directeur de l'observatoire de Marseille : *"Et si j'ai parlé de météorite au lieu de gisement superficiel de fer naturel, c'est que les indigènes affirment l'origine météoritique de ce bloc ferrugineux."* Il apparaît logique que Gaston Ripert, licencié ès sciences naturelles, ait prêté une oreille attentive aux récits des forgerons de la région sur l'existence d'une roche désignée comme le "fer de Dieu" et ait cherché à en rapporter un échantillon.

Cet échantillon est adressé par Henry Hubert au professeur Alfred Lacroix au Muséum d'Histoire naturelle à Paris, mais ne lui parvient, semble-t-il, qu'en

1. C'est ainsi que G. Ripert lui-même désigne H. Hubert, administrateur des colonies comme lui, et de deux ans seulement son aîné.

4. Henry Hubert dans la collection géologique de Dakar en cours de restauration (env. 1925). (Archives de la Galerie de minéralogie du Muséum.)

1921[1]. Le 28 juillet 1924, Alfred Lacroix présente les résultats de son étude devant l'Académie des sciences :

SUR UN NOUVEAU TYPE DE FER MÉTÉORIQUE TROUVÉ DANS LE DÉSERT DE L'ADRAR EN MAURITANIE

(A. Lacroix, C.R. Acad. Sci., Paris, 179 n° 5, 1924)

M. l'administrateur Ripert, alors qu'il commandait le peloton de méharistes de Mauritanie, a fait, dans le désert de l'Adrar, une importante observation qui m'a été transmise par M. Henry Hubert, en même temps que l'échantillon dont la description fait l'objet de cette Note. Il s'agit d'un fer d'origine extraterrestre.

Cet échantillon a été recueilli à environ 45 km au sud-ouest de Chinguetti, et à l'ouest d'Aouinet N'Cher.

1. Cette date correspond à l'entrée en collection des échantillons et elle figure, imprimée, sur des épreuves de la note d'Alfred Lacroix (voir plus bas). Cette indication a été supprimée dans le texte final.

Il gisait, isolé, sur une énorme masse métallique mesurant une centaine *de mètres de côté et une* quarantaine *de mètres de hauteur ; elle se dresse au milieu de dunes couvertes d'une plante désertique, le sba*. Elle a la forme d'un parallélépipède, compact, sans fissures. La surface visible est verticale, dominant, à la manière d'une falaise, le sable qui, poussé par le vent, l'a creusée à sa base, de telle sorte que son sommet surplombe ; la portion usée par l'érosion éolienne est polie comme un miroir. Le sable s'est accumulé contre la face opposée et la cache entièrement, ce qui n'a pas permis d'évaluer la troisième dimension. Le sommet de la masse est hérissé de petites aiguilles que les Maures ont essayé d'enlever, mais la malléabilité du métal ne leur a permis que de les courber.*

Quelques blocs de moindre importance sont distribués dans le voisinage.

L'échantillon étudié pesait environ 4,5 kg ; sa forme est celle d'un parallélépipède aplati dont la grande face, que j'ai fait polir, mesure 16 cm x 9,5 cm. Sa périphérie est noire, inégale, creusée de cavités irrégulières, résultant probablement de la corrosion de cupules originelles. Elle paraît constituée par une matière homogène, mais celle-ci apparaît extrêmement hétérogène sur la surface polie. Sa structure, en effet, est bréchiforme ; une masse prédominante de fer métallique est criblée de petites taches pierreuses, irrégulières comme forme et comme dimensions ; il existe, en outre, quelques gros fragments de cristaux de pyroxène rhombique jaune, atteignant 4 cm x 2,5 cm, ainsi que des enclaves pierreuses dont l'une, mesurant 4 cm x 3,5 cm, possède aussi une structure bréchiforme. La matière pierreuse y domine sur le fer ; celui-ci existe à l'état de grenaille discontinue et sous forme de veinules anastomosées réunissant une bordure continue du même métal qui entoure de gros fragments silicatés tranchant sur le grain fin du reste de la roche. Ce réseau de veinules s'arrête net sur les bords de l'enclave, indiquant que

5. Alfred Lacroix (env. 1930). Archives du Muséum. (Repr. : G. Segerer.)

celle-ci avait sa constitution actuelle avant d'être englobée dans la masse principale.

Un examen à la loupe fait voir que dans les portions silicatées, le fer métallique est accompagné de pyrrhotite, et ce minéral se concentre entre les silicates et le fer ; il existe enfin une petite quantité de schreibersite.

Dans la masse principale, çà et là, la proportion de fer augmente et il en résulte des aires elliptiques rappelant ce qui a été appelé "chondres de fer" dans la mésosidérite de Vaca Muerta (Sierra de Choco) ; elles mesurent jusqu'à 3 cm x 2 cm de diamètre. Vues de loin, elles paraissent représenter la section de nodules tout à fait distincts, mais un examen plus approfondi montre qu'elles ne sont qu'une concentration locale du fer. Elles sont d'ailleurs hétérogènes, elles renferment de petites inclusions de pyrrhotite dans leur partie centrale et surtout de silicates sur leurs bords.

L'étude métallographique de toutes les modalités de ce fer montre qu'il est lui-même hétérogène, constitué par deux alliages nickélifères. Sur une surface polie un peu brutalement, mieux peut-être que sur une surface attaquée par une solution d'acide chlorhydrique étendu ou de bichlorure de mercure, on voit une partie principale moins dure, plus facilement attaquable, qui forme une large gaine continue aux silicates ; c'est la forme de kamacite, appelée Wickelkamazite *par Brezina. Au milieu de cette bordure homogène apparaît, en relief, sous forme d'arabesques sinueuses, à contours curvilignes, un second alliage, plus dur, moins facilement attaquable ; il jaunit par exposition à l'air et paraît constitué par la taenite ; sous l'action d'un traitement prolongé par les réactifs, il se creuse dans sa partie centrale de cavités un peu dendriformes sans cependant qu'apparaisse de structure géométrique.*

La grande difficulté du sciage de ce bloc de fer, et a fortiori *celle de la confection de lames très minces,*

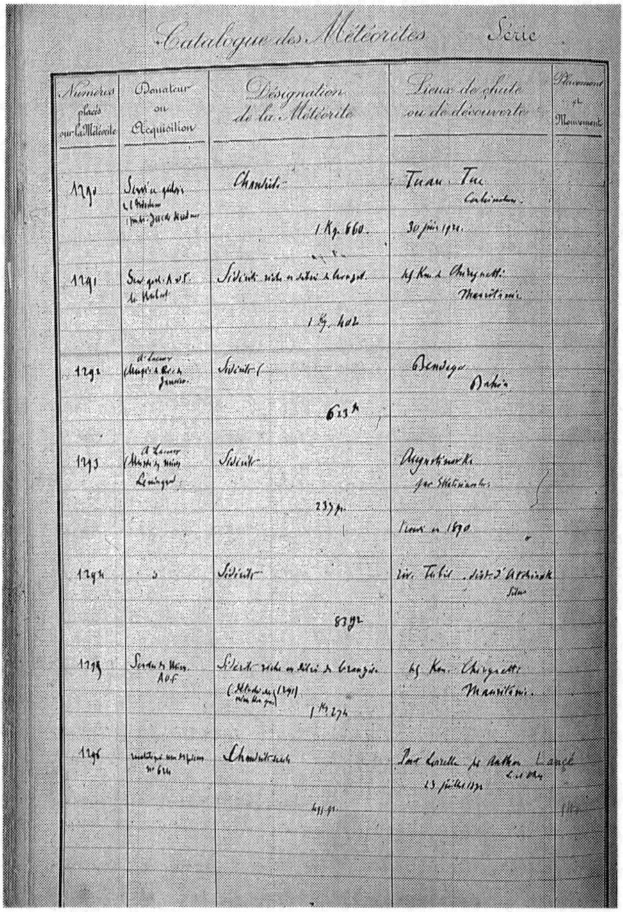
Catalogue des Météorites — Série

Numéros placés sur la Météorite	Donateur ou Acquisition	Désignation de la Météorite	Lieux de chute ou de découverte	Placement et Mouvement
1290	[illegible]	Chondrite — 1 Kg. 660	[illegible] — 30 juin 1921	
1291	[illegible]	Sidérite [illegible] — 1 Kg. 402	[illegible] Chinguetti Mauritanie	
1292	[illegible]	Sidérite — 613 gr	Bendigo [illegible]	
1293	[illegible]	Sidérite — 237 gr	[illegible] 1890	
1294	[illegible]	Sidérite — 839 gr	[illegible]	
1295	[illegible]	Sidérite [illegible] (1291) — 1 Kg 274	[illegible] Chinguetti Mauritanie	
1296	[illegible]	Chondrite [illegible]	[illegible]	[illegible]

6. Extrait du catalogue de la collection de météorites du Muséum national d'Histoire naturelle (tenu par Alfred Lacroix). Chinguetti : échantillons n° 1291 et n° 1295. (Photo : G. Segerer.)

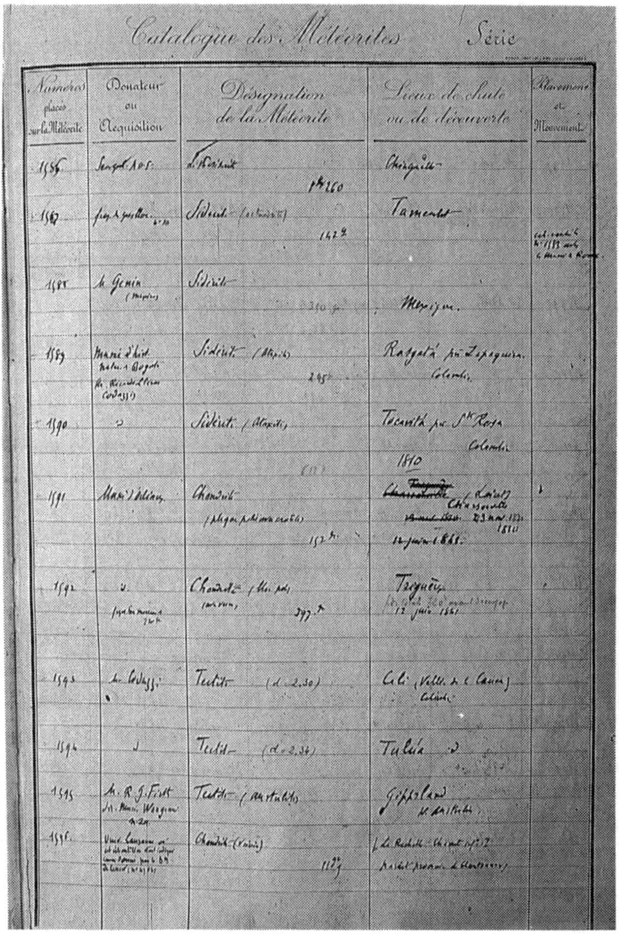

7. Extrait du catalogue de la collection de météorites du Muséum national d'Histoire naturelle (tenu par A. Lacroix). Chinguetti : échantillon n° 1586. (Photo : G. Segerer.)

ne m'ont pas permis d'obtenir de sections convenables pour l'étude microscopique de la portion silicatée en place dans le métal ; il a donc fallu se contenter d'isoler celle-ci chimiquement. Le fer nickelé a été éliminé par l'action d'une solution de chlorure de cuivre et de potassium ; le résidu est formé essentiellement par un pyroxène rhombique, associé à de la pyrrhotite, à un peu de schreibersite et fort peu d'olivine. Ce pyroxène se présente uniquement en fragments brisés, quelquefois agglomérés en petits morceaux de 1 mm à 2 mm de diamètre qui, eux, ont pu être taillés en lames minces : ils se composent de plages de dimensions très inégales, riches en inclusions ferrugineuses. Le pyroxène est de l'hypersthène, ainsi que le montrent le signe optique négatif et l'écartement des axes qui est relativement faible. La structure est nettement cataclastique.

Trois attaques ont été faites sur des morceaux pesant de 7 g à 10 g ; le résidu silicaté a varié entre 12, 20 et 28 %. On a vu plus haut que certaines portions sont presque dépourvues de silicates. Dans l'impossibilité d'obtenir une prise d'essai représentant la composition moyenne de la météorite, je me suis contenté de faire analyser par M. Raoult la partie métallique d'une part, la portion silicatée d'une autre.

Voici les résultats de l'analyse de la portion métallique avec leur interprétation :

	Partie métallique			Fer nickelé (Fe : Ni = 20)
Fe	73,35	84,29		94,71
Ni	3,57	4,45		4,97
Co	0,19	0,25	89,03	0,28
Mn	0,03	0,04	Fer nickelé	0,04
Cu	tr.	tr.		tr.
Fe	“	6,61	10,38	”
S	3,03	3,77	Pyrrhotite	”
Fe	“	0,51	0,5 g	”
P	0,08	0,08	Schreibersite	”
Insol.	19,92	tr.		”
	100,15	100,00		100,00

8. Echantillon n° 1295 de la collection de météorites du Muséum national d'Histoire naturelle : le fragment restant de la seconde "moitié" du petit bloc (env. 9 x 12 cm). (Photo : G. Segerer.)

9. Echantillon n° 3205 de la collection de l'U.S.N.M. (Washington) : l'un des fragments de la section médiane. (Echelle graduée en centimètres.) (Photo U.S.N.M.)

Dans l'estimation de la composition minéralogique, la schreibersite a été calculée sous forme de Fe_3P, sa teneur en nickel n'ayant pu être déterminée directement ; la valeur donnée ci-dessus n'est donc qu'approximative.

La partie silicatée a été débarrassée par l'aimant de ses inclusions de schreibersite, par l'acide chlorhydrique de celles de pyrrhotite.

Sa composition et l'interprétation de celle-ci sont données ci-dessous :

SiO_2	53,96	Si_3O_8K	0,6	8,7 (feldspath)
Al_2O_3	2,56	Si_2O_8Na	3,1	
FeO	16,58	Si_2O_6Ca	5,0	
MnO	0,51	SiO_3Ca	1,6	86,8 (hypersthène)
MgO	23,97	SiO_3Mg	55,9	
CaO	1,84	SiO_3Fe	29,3	
Na_2O	0,43	SiO_4Mg_2	2,9	4,5 (péridot)
K_2O	0,15	SiO_4Fe_2	1,6	
	100,00			

Le rapport MgO : FeO = 2,5 ; pour l'interprétation de la composition minéralogique, j'ai fait l'hypothèse que ce rapport est le même dans l'hypersthène et l'olivine, ce qui n'est certainement pas rigoureusement exact, mais comme la teneur en olivine est faible, l'erreur sur la composition du minéral principal, l'hypersthène, n'est pas grande ; c'est un hypersthène renfermant environ 18 % de fer ferreux.

Une seconde analyse faite sur un autre fragment de la météorite a donné une teneur plus grande en péridot, ce qui indique que les divers silicates sont irrégulièrement répartis et explique que dans les minuscules fragments taillés en lames minces, je n'ai pu distinguer le feldspath que met en évidence le calcul, mais les surfaces observées sont tellement petites qu'il n'y a pas lieu de tirer de conclusions de ce désaccord avec l'analyse.

Quoi qu'il en soit, les résultats qui viennent d'être exposés montrent que si l'on admet une teneur moyenne en silicates de 20 % pour l'ensemble de la météorite, ce qui correspond à peu près à la densité de 5,28 mesurée sur un fragment d'une dizaine de grammes, on doit admettre que la météorite de Chinguetti constitue un type de sidérite différent de tous ceux qui sont actuellement connus. Il est intermédiaire entre celles des sidérites qui contiennent seulement 4 à 5 % de silicates et les lithosidérites qui en renferment généralement 50 %. Il diffère en outre des sidérites silicatées connues en ce que, dans les unes, l'olivine qui accompagne le pyroxène rhombique est abondante et en ce que leur fer possède une structure octaédrique nette (Netschaevo et Copiapo [et non Sierra de Deesa]), alors que l'autre (Tucson [Muchachos]) renferme uniquement de la forstérite, son fer étant dépourvu de structure cristalline distincte.

Si l'on considère les lithosidérites, la comparaison s'impose avec certaines mésosidérites, telles que celles de Vaca Muerta et de Mincey, dans lesquelles l'olivine est aussi très irrégulièrement distribuée, mais dans lesquelles par contre la quantité de plagioclases est beaucoup plus considérable.

Les questions de la composition et de la structure ne sont pas les seules particularités qui attirent l'attention sur le fer de Chinguetti ; si en effet les dimensions données par M. Ripert sont exactes, et il n'y a pas de raison d'en douter, ce bloc métallique constitue de beaucoup la plus énorme des météorites connues, puisqu'en admettant que la troisième dimension, qui n'a pu être mesurée, soit égale à la plus petite des deux autres, il n'aurait pas moins de 160 000 m³.

Notons qu'aucune date – et notamment pas celle de la trouvaille – n'est mentionnée ici par le minéralogiste qui semble n'avoir eu aucune certitude à ce propos. Il faut, en effet, avoir présent à l'esprit que les observations de Gaston Ripert dataient déjà, en 1924, de plusieurs années et n'avaient été transmises à Alfred Lacroix que par l'intermédiaire d'Henry Hubert.

Rien ne paraissait toutefois inciter à en suspecter l'exactitude. La taille même de l'objet ne semble pas avoir suscité de doutes dans l'esprit d'Alfred Lacroix, c'est du moins ce que reflète la conclusion de sa note.

Cependant, dès cette époque, une note administrative, vraisemblablement inspirée par Henry Hubert lui-même, met en question l'une des informations fondamentales : *"... Le météorite*[1] *se trouvait peut-être non pas à l'endroit indiqué mais à 75 km au sud-est de Chinguetti."* (Cf. J. Malavoy, lettre du 24 février 1930, adressée à H. Hubert.) Cette note parvient en septembre 1924 au commandant du cercle de l'Adrar (à Atar), adressée par le gouverneur de la Mauritanie qui lui prescrit de faire exécuter des recherches. Conformément à ces instructions venues de Saint-Louis, le chef de subdivision de Chinguetti envoie le lieutenant Bonnin dans la zone indiquée par Gaston Ripert, c'est-à-dire au sud-ouest de Chinguetti et à l'ouest d'Aouinet N'Cher. Le lieutenant Bonnin parcourt alors le plateau compris entre Aouinet, Dakhlé et Arouétine, ainsi que la région de grandes dunes située immédiatement au sud de Chinguetti. Il passe donc à proximité de la falaise promontoire gréseuse nommée guelb Aouinet, haute d'une quarantaine de mètres et visible de plusieurs kilomètres, mais il ne fait aucun rapprochement avec le roc de même hauteur signalé par Gaston Ripert. Son rapport, en date du 28 octobre 1924, conclut que la masse métallique recherchée ne se trouve pas dans la zone visitée.

La tentative suivante semble avoir été celle de l'explorateur Emile Bruneau de Laborie, en décembre 1928-janvier 1929. Celui-ci, conformément aux premières indications fournies par Gaston Ripert, envoie des patrouilles depuis Arouétine et Tifrirt parcourir les dunes situées à l'ouest de Dakhlé, les environs d'Aouinet et les dunes situées à l'est de Zerga. Le résultat est

1. Il était courant, à l'époque, d'employer indifféremment le masculin ou le féminin pour le mot météorite.

entièrement négatif. Le guelb Aouinet, à nouveau approché cette fois-là, n'est pas davantage comparé à la météorite mystérieuse...

Echec encore, cette même année 1929, pour la tournée effectuée par le lieutenant Maurel. Fin 1929, et à la demande d'Alfred Lacroix, le professeur Auguste Chevalier, de passage à Saint-Louis, sollicite du lieutenant gouverneur de la Mauritanie, Choteau, la poursuite des investigations, comme en témoigne une lettre de ce dernier adressée au commandant du cercle de l'Adrar :

(19 novembre 1929 - n° 3714)

Au cours de sa visite à Saint-Louis, M. le professeur Chevalier du Muséum m'a demandé de la part de son collègue M. Lacroix, secrétaire perpétuel de l'Académie des sciences, de faire rechercher un météorite découvert en 1918[1] *par le lieutenant Ripert.*

M. Lacroix désirerait :

1. qu'il fût retrouvé et que sa position exacte fût fixée sur un croquis itinéraire ;

2. qu'il fût photographié des divers côtés ;

3. que l'on en détachât des morceaux de quelques kilos qui seraient envoyés au Muséum ;

4. si possible qu'il fût classé comme monument naturel et soustrait à toute déprédation.

Je vous adresse sous ce pli deux communications de M. Lacroix à l'Académie des sciences au sujet de ce météorite, ainsi qu'une lettre du lieutenant Bonnin à son commandant de compagnie, en date du 28 octobre 1924, rendant compte des recherches infructueuses de cet officier.

Depuis, de nouvelles investigations ont été entreprises par M. Bruneau de Laborie au début de cette

1. Première mention officielle d'une date. Celle-ci – nous le verrons – ne saurait être exacte. Ce point souligne l'incertitude dans laquelle se trouvait A. Lacroix.

année, ainsi que par le lieutenant Maurel. Elles n'auraient pas donné de résultats, mais je voudrais avoir des précisions à leur sujet.

Vous trouverez dans les documents ci-joints des indications qui permettront peut-être de les reprendre avec plus de succès. Je vous prie de me tenir au courant des résultats de ces nouvelles recherches.

J'ajoute que M. l'ingénieur des mines Malavoy, actuellement en tournée de prospection géologique et minéralogique en Mauritanie et en route pour l'Adrar, s'intéressera également à la recherche de ce météorite. Vous voudrez bien mettre à sa disposition toute la documentation que vous aurez recueillie.

Signé : Choteau.

En février 1930, Jean Malavoy, ingénieur du corps des mines, directeur de la section des mines de l'AOF, fait lui aussi une excursion dans les environs de Chinguetti, probablement au sud-est de la palmeraie, dans l'aklé* des Mghallig qui prolonge en direction du sud-ouest les dunes du Ouaran. En quatre jours de terrain seulement, il s'est forgé une opinion définitive : il a décidé, sans trop de preuves matérielles, que l'affaire se réduisait à une *"gigantesque fumisterie, volontaire ou non"* (lettre à H. Hubert du 24 février 1930). Il nous paraît aujourd'hui surprenant que Jean Malavoy se soit arrêté d'emblée à cette conclusion de principe, sans avoir approfondi ses observations. Il est d'ailleurs hautement probable que son itinéraire ne l'a jamais conduit aux environs mêmes du guelb Aouinet, falaise qui, sans dévoiler par trop la suite de l'affaire, semble être une clé du problème.

La même année (1930), Jean Malavoy fait adresser à Gaston Ripert (vivant alors au Cameroun) trois lettres officielles successives signées du gouverneur général de l'AOF, les 31 mars, 26 juillet et 15 décembre. Gaston Ripert n'y répondra que le 8 février 1931, expliquant que, compte tenu de l'ancienneté de l'affaire, il n'était plus en mesure de fournir des précisions supplémentaires, et ce d'autant plus que ses notes personnelles concernant la découverte du petit bloc, réclamées à sa famille, à Nice, n'avaient jamais pu lui être fournies.

Jean Malavoy exprimera encore sans nuances son opinion en écrivant successivement à divers destinataires de 1930 à 1935 (voir fig. 11 et 12). Ainsi, dans une lettre à A. Lacroix du 15 août 1930 :

"Quant au météorite de Chinguetti, je puis vous assurer qu'il n'en existe que l'échantillon que vous avez examiné. M. Ripert a dû être abusé par la présence de falaises à pic, qu'il a pu croire être un gigantesque météorite, dont faisait partie l'échantillon en cause..."

Et encore, en réponse à la parution d'un article de James Stokley dans le *New York Times* (lettre du 22 septembre 1932).

Car le débat s'est élargi à cette date, ainsi que nous le verrons plus loin, la renommée de la météorite ayant, par l'intermédiaire des astronomes et de l'Union astronomique internationale (UAI), atteint les Etats-Unis. D'où cet article daté du 6 septembre 1932 (voir fig. 10) :

LA FRANCE REQUISE POUR LA CHASSE
A UNE MÉTÉORITE AFRICAINE

Les astronomes du congrès de Cambridge
soulignent l'importance
d'une expédition saharienne

Chute d'une masse d'un million de tonnes

Un contrôle magnétique permettrait
de localiser un phénomène décrit il y a quelques années
et de réfuter la théorie des vapeurs

Les stations polaires mises à contribution
pour essayer de déterminer la quantité
de poussière météoritique

par James Stokley, directeur adjoint du Franklin Institute, Museum of Philadelphia.

Exclusivité New York Times.

Cambridge, Mass., le 5 septembre

La commission "Etoiles filantes" de l'Union astronomique internationale (UAI) qui tient ici même son quatrième congrès a adressé aujourd'hui au gouvernement français une recommandation concernant une exploration intensive du Sahara occidental afin de relocaliser et d'étudier une grande météorite dont le poids est estimé à un million de tonnes. (...)

La météorite africaine, située dans l'Adrar, en Afrique du Nord, et qui peut être atteinte à partir de Port-Etienne, fut brièvement décrite il y a de cela quelques années, mais n'a pas été complètement étudiée et sa localisation exacte reste à ce jour inconnue.

Le professeur Jean Bosler, de l'observatoire de Marseille, a déclaré qu'il pensait qu'une étude magnétique, du type de celle que l'on emploie pour déceler les gisements minéraux, permettrait sans doute de localiser la météorite et qu'une expédition serait relativement aisée à mettre sur pied puisque le seul véritable danger encouru par les scientifiques serait celui des brigands mais qu'une protection pourrait aisément être assurée par les troupes françaises, déjà stationnées dans la région. Le professeur ajoute que l'exploration de la météorite sibérienne (mentionnée aussi lors du congrès) serait, elle, beaucoup plus difficile puisque nécessitant la traversée de milliers de kilomètres de forêts sauvages infestées de moustiques particulièrement désagréables. (...)

La réponse du sceptique J. Malavoy, cette fois encore, est claire et rapide, le *New York Times* la publie, en anglais, un mois plus tard, le 10 octobre 1932 (voir fig. 11).

Jean Malavoy reprend l'historique de la découverte et du transfert du bloc examiné par Lacroix, explique que plusieurs expéditions de recherche ont eu lieu, avec l'aide des indigènes à qui l'on avait promis de grosses récompenses, argumente son avis sur la méprise de Gaston Ripert en expliquant que de nombreux plateaux gréseux existant dans la région sont d'une très grande dureté et couverts d'une pellicule noire d'oxyde de fer que *"n'importe qui ne connaissant rien à la géologie peut prendre, de bonne foi, pour du fer météoritique"*. Mais sa virulence se remarque surtout au début de cette lettre : *"Ce météorite est malheureusement une blague (humbug) gigantesque"*, et dans sa conclusion : *"... Le militaire a ramassé le vrai météorite (4 kg) au sommet d'un plateau et a cru que tout le plateau en était. J'estime qu'il est inutile de chercher encore ; ce serait perdre beaucoup de temps et d'argent."*

Jean Malavoy a, on le voit, le mérite d'une opinion tranchée, que l'on retrouve, enfin, dans une lettre adressée à Théodore Monod le 26 janvier 1934 :

"Pour revenir au «météorite de Chinguetti», je connaissais le détail des «aiguilles malléables». Je le considère comme le résultat d'une imagination surchauffée par le soleil saharien, sans suspecter en quoi que ce soit la bonne foi de M. Ripert ; il en est de même de quelques autres détails qui corsent l'histoire : face brillante et polie, conversation surprise entre deux indigènes, promesse de garder le secret, enfin, tout le genre d'«Antinéa»."

Dès la même époque, Jean Bosler, directeur de l'observatoire de Marseille, membre de la commission "Etoiles filantes" de l'UAI et présent au congrès de Cambridge (Massachusetts), va s'intéresser de la façon la plus active au problème de la météorite géante de Chinguetti, ainsi qu'on le verra plus loin. Celui-ci n'est pas du même avis. Une lettre à A. Lacroix du 6 octobre 1932 en témoigne (cf. fig. 16) :

"Assurément, a priori, *une confusion a pu être commise... Mais s'il est facile à un profane de prendre*

ASK FRANCE TO HUNT AFRICAN METEORITE

Astronomers at Cambridge Meeting Stress Importance of a Sahara Expedition.

MILLION-TON MASS FELL

Magnetic Survey Suggested for Locating Phenomenon Described Some Years Ago.

TO DISPROVE VAPOR THEORY

Polar Year Stations Are Asked to Attempt to Determine Amount of Meteoric Dust Present.

By JAMES STOKLEY.
Associate Director of Franklin Institute Museum of Philadelphia.

Special to THE NEW YORK TIMES.

CAMBRIDGE, Mass., Sept. 5. —Intensive exploration in the western part of the Sahara Desert to relocate and study a great meteorite with an estimated weight of a million tons, was recommended today to the French Government by the commission on meteors of the International Astronomical Union, how holding its fourth meeting here.

Dr. Charles P. Olivier, Professor of Astronomy at the University of Pennsylvania, president of the meteor commission, presided. Further study of the other places where great meteors are known to have fallen, in Arizona and Siberia, also was recommended.

The African meteorite, which is in the Adrar, in North African, and can be reached from Port Etiénne, was described briefly some years ago, but has not been studied fully and its exact whereabouts is at present unknown.

Professor Jean Bosler of the Observatory of Marseilles stated that he believed a magnetic survey, using the same means employed to locate ore deposits, could probably locate the meteorite. He said that an expedition would be relatively simple, because the only danger to a scientific party would be from brigands, and protection could be obtained from them by French troops already in the region. Exploration of the Siberian meteor would be much more difficult, he said, because it can be reached only through miles of wild forest, where mosquitoes are particularly bad.

Stress Importance of Find.

Though the size of the Adrar meteor is not exactly known, it is about 100 meters (328 feet) long by 40 meters wide and 40 deep, he declared. Professor Olivier emphasized the importance to meteoric astronomy of finding such a mass. In particular, he said, it would emphatically disprove theoretical conclusions that a mass of this size hitting the earth would instantly be dissipated into vapor.

The spreading of such views, upon high scientific authority, Professor Olivier stated, has caused a complete cessation of work to find the large mass which is believed to have caused the meteor crater in Arizona. He announced to the group that two drill holes under the south wall of the Arizona crater had reached large masses, presumably of the meteor, and that a geophysical survey had indicated some large mass at the spot.

Another recommendation of the commission was that the stations of the International Polar Year, now making observations in the Arctic and Antarctic, should attempt to collect atmospheric dust, and that this be analyzed to determine the amount of meteoric dust present.

Professor Olivier expressed the gratitude of the commission for the cooperation of volunteer observers in collecting observations of meteors.

"Never before have so many people been working in this branch of science," he stated.

He particularly cited the "inestimable service" of the daily press in America in securing the aid of laymen. During 1931, he said, 29,000 meteor observations were obtained by the American Meteor Society, of which he is president. This year the figure probably will be greatly surpassed, for in one week alone of last month 28,000 observations were reported.

10. Extrait du *New York Times* du 6 septembre 1932. Article de James Stokley.

The African Meteorite.

To the Editor of The New York Times:

I have just learned of the article published in THE TIMES of Sept. 6 entitled "Ask France to Hunt African Meteorite," by James Stokley.

This meteorite is unfortunately a huge hoax. It was mentioned in 1920 to my predecessor by a soldier on duty in these desert regions. This soldier told him where this meteorite was, its dimensions (100 meters in length, 40 meters in width, and probably 40 meters in height), and gave him a 4-kilogram sample of the meteorite. The latter, examined by M. Lacroix, a French expert, was found to be very interesting and of a species entirely new. Moreover, M. Lacroix asked the government that searches be made in order to find again this gigantic meteorite. Several officers, aided by numerous natives, to whom big rewards were promised, searched in vain for several years. I went through this region in 1930 without success.

Finally, I am convinced that the only extant meteorite is the specimen studied by M. Lacroix. What the soldier had taken for the principal mass of the meteorite was in reality a sandstone plateau, of which there are many in this region. These pieces of sandstone are very hard and are covered with a black film of iron oxide (desert varnish); we also find a little laterite. Any one who knows nothing of geology can, in utterly good faith, take it for meteoritic iron.

This is what happened: the soldier picked up the real meteorite (4 kilos, about 8.80 pounds) at the top of a plateau and believed that the entire plateau was of the same sort. I believe that it is useless to search further; it would be to lose much time and money.

J. MALAVOY.
Chief of the Geological Service of French Western Africa.
Dakar, Senegal, Sept. 22, 1932.

11. Extrait du *New York Times* du 10 octobre 1932. Réponse de J. Malavoy à l'article de James Stokley (fig. 10).

telle ou telle roche pour un fer météorique sans en avoir un véritable sous les yeux, l'erreur est plus malaisée dans le cas contraire, où se trouvait justement le «militaire», puisqu'il a recueilli là un véritable fer météoritique de 4,5 kg. Il me semble aussi que M. Malavoy ne tient pas compte du fait, mentionné par vous, que «la partie de la grande masse usée par l'érosion éolienne était polie comme un miroir», non plus que de cet autre, encore plus significatif, que «son sommet était hérissé de petites aiguilles que les Maures ont essayé d'enlever, mais que la malléabilité du métal ne leur a permis que de courber». Il est en outre surprenant que les officiers «aidés par de nombreux indigènes à qui l'on avait promis de grosses récompenses» n'aient pu retrouver le plateau gréseux dont parle M. Malavoy et que sa dimension devait rendre visible. A moins que le vent ne l'ait recouvert

Je serais très heureux que vous publiiez quelque chose sur ces sujets.

Pour en revenir au « météorite de Chinguetti », je connaissais le détail des « aiguilles malléables ». Je le considère comme le résultat d'une imagination surchauffée par le soleil saharien, sans suspecter en quoi que ce soit la bonne foi de M. Ripert. Il en est de même de quelques autres détails corsant l'histoire : face brillante et polie, conversation surprise entre 2 indigènes, promesse de garder le secret, enfin tout le genre d'« Antinéa ».

Si je rentre en AOF au début de mars, ce sera par le Sahara, en auto, pour avoir une idée du Sahara Algérien, et voir justement Bourem - Tombouctou que je ne connais pas, puis continuer ma tournée en Guinée. Je voudrais rechercher ~~notamment~~ l'extension vers l'Ouest des terrains éocènes datés du Tilemsi ; j'ai en effet l'impression qu'une grande partie de ce qui est marqué éocène sur les cartes Hubert et Furon n'est certainement pas daté, et probablement plus récent (miocène ?). J'en suis à peu près sûr pour la vallée moyenne

12. Extrait d'une lettre de J. Malavoy à Th. Monod (Bizerte, 26 janvier 1934).

de sable... Mais alors ce même sable peut tout aussi bien recouvrir une vraie météorite, ce qui expliquerait l'insuccès des recherches ultérieures."

L'histoire de la météorite, cette fois, est définitivement entrée dans un débat dont les données ne sont pas exclusivement scientifiques, une sorte d'énigme policière, de récit d'aventures, bref, l'affaire a pris son aspect mythique. Et qui pourrait s'en étonner ? L'histoire est belle, elle se déroule dans le plus vaste désert du monde, là où il fait bon rêver – un certain Petit Prince nous l'a suffisamment appris.

L'heure est venue, par conséquent, d'oublier un moment le caillou de quelques kilos, son voyage et son analyse chimique pour reprendre l'histoire à l'origine : la découverte faite par Gaston Ripert dans l'Adrar, et pour cela donner au lecteur une idée du lieu, puis du personnage et, enfin, de l'événement.

2

L'ADRAR ET LA RÉGION DE CHINGUETTI

L'Adrar de Mauritanie ou Adrar Tmar ("Adrar* des dattes") est essentiellement constitué par un grand plateau gréseux d'environ 200 sur 250 kilomètres. Il est limité à l'ouest et au nord par le socle cristallin d'âge précambrien, au nord-est et à l'est par l'extrémité du massif dunaire des Bnaïg, tandis que vers le sud, il est prolongé par le Tagant, autre plateau gréseux, dont il est séparé par la dépression du Khat qui vient buter au nord-est sur les dunes.

L'Adrar est constitué par une puissante série de dépôts sédimentaires paléozoïques (cambriens à dévoniens), restés subhorizontaux avec un très léger pendage en direction du sud-est : ces dépôts appartiennent, en effet, au bord nord du gigantesque synclinal de Taodeni. La série de l'Adrar comprend principalement des termes gréseux ou quartziteux, mais peut admettre des niveaux composés de calcaires dolomitiques et de silexites, voire d'argiles. Dans toute la partie cambro-ordovicienne, les fossiles restent d'une exceptionnelle rareté, n'étant représentés que par quelques bancs à stromatolithes et deux niveaux de brachiopodes ; en revanche la faune éodévonienne est abondante.

Les divers niveaux de l'Adrar sont souvent limités par de puissantes falaises en avant desquelles peuvent s'individualiser des buttes-témoins à sommet tabulaire (gour), dont beaucoup finiront par disparaître, lentement détruites par l'érosion. Les plateaux sont

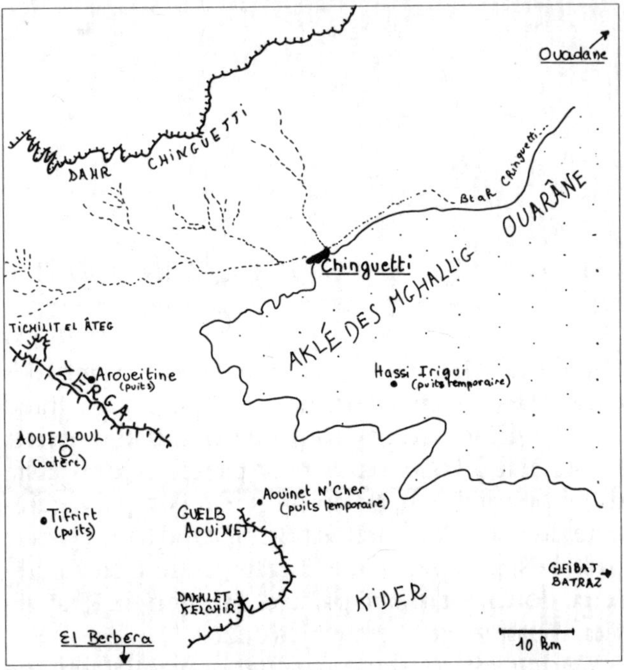

13. Croquis de la région de Chinguetti, indiquant les principaux puits, la position du guelb Aouinet et le cratère d'Aouelloul.

richement pourvus de canyons parfois profonds, creusés par l'érosion fluviatile. La surface de ces plateaux est occupée soit par des hammadas*, qui sont de vastes étendues où affleure la roche horizontale en place, soit par des nappes de graviers (rags) résultant de la dissociation des grès voisins.

On trouve également par endroits des dépôts sédimentaires récents, pouvant être représentés par des fonds lacustres plus ou moins argileux, des terrasses de galets, ou des lambeaux de cuirasse latéritique d'aspect parfois pisolithique, identiques à celles qui, en zone sahélienne et notamment au Tagant, peuvent servir à l'extraction du fer.

Les paysages de l'Adrar sont, sauf à proximité des falaises ou dans les canyons, largement ouverts. Les vues lointaines restent toujours possibles et présentent simultanément au regard la teinte noire des affleurements rocheux et la coloration claire des passées sableuses : ce mélange de cailloux et de sable possède même un nom local, le Trab* Zerga, littéralement le "pays panaché", portant le plus souvent quelques touffes de graminées, de nombreux buissons, et même quelques arbres.

3

GASTON RIPERT, 1881-1957

Gaston Ripert est né le 9 novembre 1881 à Oran en Algérie. Ses parents, Antoine Thomas Ripert, âgé de 43 ans, capitaine au 4e chasseurs d'Afrique, et Marie Batilde Cecilia née Ricca, âgée de 29 ans, résident alors à Tiaret. Gaston Ripert passe vraisemblablement son enfance et son adolescence en Afrique du Nord : en 1902, il est domicilié à Oran et sa mère à Tunis. Le 31 octobre de la même année, il entre à l'Ecole spéciale militaire de Saint-Cyr où il passera deux ans avant d'être affecté, à compter du 1er octobre 1904, comme sous-lieutenant au 8e régiment d'infanterie coloniale basé à Toulon. Il est successivement envoyé en AOF au Sénégal (janvier à octobre 1906), et en Côte-d'Ivoire (octobre 1906 à février 1913), puis il se trouve en activité hors cadre à compter de juin 1910. En 1911, il exerce le commandement de la subdivision de Mankono, dans le cercle d'Ourodougou. Il sera nommé chevalier de la Légion d'honneur le 2 avril 1912. Il démissionne de l'armée le 10 février 1913 pour entrer dans l'administration civile en qualité d'administrateur adjoint des colonies, en Côte-d'Ivoire, à Seguéla, puis à Mankono, et enfin à Odienné. Il est mobilisé le 2 août 1914 et envoyé au front. Blessé à deux reprises, une fois au Chemin des Dames, dans l'Aisne, puis aux Dardanelles, il sera cité à l'ordre de l'armée pour sa *"très belle attitude dans le commandement de sa compagnie"* au cours de cette campagne et recevra la croix de guerre avec palmes. Sa

14. Portrait de Gaston Ripert (photo prise à Toulon en 1940-1941). Coll. E. Ripert.

seconde blessure *("blessure pénétrante au thorax par balle de mitrailleuse")* l'immobilise pour 5 mois (du 9 mai au 27 septembre 1915) à l'hôpital militaire de Toulon. De cette blessure, il conservera une invalidité à 40 %. Il passe ensuite deux mois de convalescence à Tunis, probablement chez sa mère. Il ne repartira pas pour le front, mais, en tant que blessé de guerre, sera désigné pour l'AOF dans le 31e bataillon de tirailleurs sénégalais, à compter du 31 octobre 1915.

Affecté au 1er régiment des tirailleurs sénégalais le 7 février 1916, il arrive à Chinguetti le 26 mars et y séjourne jusqu'au 1er septembre 1916. Après être demeuré près de cinq mois au Tagant, au Groupe nomade (période au cours de laquelle il sera relayé comme chef de poste par le capitaine Mazou), il revient à Chinguetti où il reste du 23 janvier au 28 mai 1917. C'est probablement au cours de son premier séjour à Chinguetti qu'a eu lieu sa découverte de la météorite : Gaston Ripert mentionne 1916 dans une lettre adressée le 8 février 1931 au gouverneur général de l'AOF, et son guide présumé, Sidi Ahmed Ould Zeïn, est mort en janvier 1917.

De juin 1917 à décembre 1917, il exerce la fonction de commandant du cercle du Trarza. Mais sa santé réclame une affectation dans une région ayant un climat moins dur que celui de la Mauritanie : à compter du 16 décembre 1917, il est envoyé au Cameroun où il administrera la circonscription de N'Gaoundéré. Il y restera jusqu'à sa démobilisation le 21 avril 1919, date à laquelle il revient dans l'administration en qualité d'administrateur des colonies. Il se marie à Nice le 23 novembre 1920 avec Eugénie Marie Alexandrine Ferrua, née le 13 novembre 1894 dans cette même ville, où elle est domiciliée. Il obtient une mise en disponibilité le 22 octobre 1929 et se consacre à l'exploitation d'une plantation de café à Monoun, au Cameroun. Il est admis à la retraite le 5 mai 1933. Il a, entre-temps, été promu officier de la Légion d'honneur (le 22 décembre 1929). Les deux époux ont adopté un enfant, Edmond, né le 16 septembre 1940. Mobilisé à nouveau lors de la Seconde Guerre mondiale, Gaston Ripert paraît avoir été major de garnison à Toulon. Il meurt à Nice le 11 décembre 1957.

Nous ne possédons qu'une photo de lui qui semble dater de la Seconde Guerre mondiale (cf. fig. 14), époque à laquelle G. Ripert avait une soixantaine d'années. La description que nous avons de lui lors de son arrivée au 8e régiment d'infanterie coloniale, le 1er octobre 1904, est la suivante : *"Cheveux et sourcils noirs, yeux bruns, front moyen, nez moyen, bouche grande, menton rond, visage ovale, taille 1,77 m."* Les rapports de ses chefs sont la plupart du temps excellents, décrivant un homme *"très intelligent, dévoué, zélé, consciencieux et énergique"*, ayant un *"caractère élevé et une instruction très étendue"*, *"très aimé"* de ses tirailleurs *"dont il obtient ce qu'il veut"*, ayant su *"gagner immédiatement la confiance des populations"* et *"annoncer quelques mesures heureuses"*. Le seul reproche qui semble lui avoir été fait est celui d'être parfois *"versatile"*, *"aimant le changement"* et *"faisant preuve d'une trop grande indifférence pour les questions lui déplaisant ou ne l'intéressant pas particulièrement"*. Il semble qu'effectivement, sa culture générale ait été fort étendue. Il était titulaire, non seulement des baccalauréats lettres et mathématiques, mais aussi d'une licence ès sciences naturelles, probablement préparée en même temps que son entrée à Saint-Cyr ou lors de son séjour dans cette école[1]. Son intérêt pour cette dernière discipline ne semble pas avoir décliné au fil des années : des échantillons de laves récoltés par ses soins au Cameroun en 1918 ont été adressés au Muséum

1. Des recherches concernant la date d'obtention de ce diplôme, effectuées dans les archives de l'académie de Paris à la demande du chancelier, Mme Michèle Gendreau-Massaloux, se sont malheureusement révélées infructueuses.

par le gouverneur Fourneau, accompagnés d'une note concernant les circonstances de leur récolte, et sa lettre adressée à Théodore Monod le 24 octobre 1934 (cf. fig. 17) montre qu'il aurait aimé pouvoir déterminer la faune qui peuple le lac Monoun. On apprend également, dans cette lettre, qu'il s'est, lors de son séjour dans l'Adrar, intéressé aux gravures rupestres et *"passionné"* pour la langue azzer, langue en cours de disparition à l'époque, dont il avait pris la peine de réunir un petit vocabulaire. Il semble, d'ailleurs, qu'il ait eu un talent certain pour les langues, puisqu'il parlait l'anglais, l'allemand, l'espagnol, l'italien, l'arabe, ainsi que plusieurs dialectes algériens, maures et soudanais (dioula, malinké, yaoundi, baoulé et gouro). Un questionnaire rempli lors de sa mobilisation le 18 avril 1939 mentionne comme intérêts particuliers *"questions musulmanes, ethnographie, installation d'usines et de machines"*. C'est très probablement dans cette avidité de connaissance qui semble avoir été la sienne, et particulièrement en ce qui concerne les sciences naturelles, qu'il faut chercher les raisons de son excursion à la "météorite géante".

4

LA DÉCOUVERTE DE LA MÉTÉORITE

Les notes qu'aurait prises Gaston Ripert le jour même ou dans les jours qui ont suivi sa découverte sont restées inaccessibles (voir p. 30). Les seules informations obtenues directement de Gaston Ripert nous sont parvenues grâce à Jean Bosler.

Dès 1932, celui-ci, on l'a vu, s'intéresse à ce problème. Il est suivi dans cette voie par les membres américains de la commission "Etoiles filantes" lorsque se tient à Cambridge, Massachusetts, en 1932, la quatrième assemblée générale de l'UAI. Une résolution est votée le 4 septembre et paraîtra en 1933 dans les *Transactions of the International Astronomical Union* dans le français très approximatif suivant : *"Il est hautement désirable de retrouver et d'étudier à fond le grand amas météoritique (Chinguetti) dans l'Adrar, Afrique du Nord. L'Union porte spécialement l'attention du Gouvernement de France à la nécessité urgente d'organiser une expédition scientifique pour cette étude. Un délai plus étendu rendra beaucoup plus difficile la découverte de cette pierre météorique intéressante."* Cette résolution est à l'origine de l'article de James Stokley reproduit plus haut et auquel devait répondre Jean Malavoy. Jean Bosler parvient à prendre contact avec Gaston Ripert, alors directeur d'une plantation de café au Cameroun, à l'occasion d'un séjour que ce dernier fait à Nice. Nous citons intégralement la lettre adressée par lui le 16 octobre 1932 à Jean Bosler.

Nice, Saint-Pierre de Féric le 16 octobre 1932

Monsieur le Professeur,

J'ai bien reçu, hier, votre lettre du 14 octobre. Je saisis fort bien l'intérêt scientifique de la météorite de l'Adrar à laquelle votre lettre se réfère et voudrais pouvoir répondre de la façon la plus précise à vos questions.

Malheureusement seize ans se sont écoulés depuis que j'ai eu l'occasion de constater l'existence de cette météorite. Les circonstances du moment étaient alors telles que tout disparaissait devant le drame qui se jouait en France, et je n'ai pas alors réalisé tout l'intérêt que pouvait présenter cette météorite. J'en ai parlé, en quittant la Mauritanie, incidemment à l'un de mes amis, M. H. Hubert, docteur ès sciences à Dakar, qui n'a pas paru attacher lui-même une importance sérieuse à son existence. Je n'avais d'ailleurs, pour satisfaire aux exigences impérieuses de mon guide, emporté avec moi ni boussole ni matériel permettant de prendre des notes ou des mesures quelconques. Je n'avais pu également séjourner que très peu de temps, par suite de la hâte qu'avait mon guide de partir pour le retour, sur ces lieux, de sorte que mes observations sont extrêmement sommaires : j'ai pu constater que la météorite formait une sorte de falaise, avec de nombreux éboulis sableux dans la direction approximative du sud-ouest, tandis que le côté nord-est était complètement ensablé. La surface supérieure était fortement polie par le sable. J'y ai trouvé un petit bloc, arrondi aux angles, que j'ai remis à M. Hubert. Sur une arête, vers l'ouest, je crois, le sable avait découpé des aiguilles métalliques assez épaisses que je n'ai pu dégager, ni enlever. La nature métallique du roc ne peut faire aucun doute. L'examen du petit bloc remis à M. Hubert le montre. J'ai essayé de détacher une des aiguilles précitées en la cognant avec ce bloc très lourd. Le bloc présentait à chaque point de choc des traces de martèlement.

Il en était de même des aiguilles. Du reste la teinte n'avait rien de comparable avec la teinte noirâtre et polie des rocs que l'on trouve dans les rags et les plateaux gréseux de l'Adrar.

A mon retour j'avais consigné, d'après mes souvenirs, tout frais alors, dans quelques notes, mes observations ; mais j'ai été depuis tellement déplacé que je ne sais où j'ai mis ces notes. En tout cas, j'ai relaté à M. Hubert tout ce que j'avais vu et qui était alors tout frais dans ma mémoire. Ce n'est qu'en 1924, huit ans après ma conversation avec M. Hubert, que j'ai lu par hasard dans le Temps *que le professeur Lacroix avait fait une communication à l'Académie des sciences au sujet de cette météorite. Et c'est en 1929 seulement – treize ans après – que, par l'intermédiaire de M. le gouverneur Fourneau, M. le professeur Lacroix me fit demander des précisions au sujet de la météorite. Il était bien tard, et je ne pus répondre à M. Fourneau que ce que je vous écris ici.*

Comme vous le pensez, cette météorite, à demi ensablée en 1916, a pu très bien être recouverte complètement par le sable ; mais je m'étonne quand même qu'elle n'ait pu être retrouvée par les fonctionnaires et officiers qui furent depuis 1922 envoyés pour la rechercher. Il semble bien qu'ils se soient heurtés à une consigne de la part des indigènes qui paraissaient très peu désireux que son existence soit connue par les Européens. J'en avais eu moi-même connaissance en surprenant une conversation de chameliers, alors que j'étais aux pelotons méharistes de l'Adrar. J'en avais parlé au chef de Chinguetti, Sid Ahmed Ould Zeid, qui avait d'abord énergiquement nié son existence. Ce n'est qu'après de longues conversations qu'il consentit, très apeuré, à me mener très furtivement sur les lieux, à condition que je n'emporte rien qui me permette de relever la position exacte de la météorite ou de prendre des notes. Sid Ahmed Ould Zeid est mort, paraît-il, empoisonné, et sans vouloir établir un lien entre les faits, je ne puis maintenant indiquer quelqu'un connaissant en Adrar la situation de la météorite et pouvant servir de guide. Je suis cependant absolument persuadé que tous les indigènes sédentaires et surtout nomades la connaissent. Et si j'ai parlé de météorite à M. Hubert au lieu de gisement superficiel de fer naturel, c'est que tous les indigènes affirmaient l'origine météorique de ce bloc ferrugineux.

Au reste, je crois que ces météores sont nombreux en Mauritanie. J'ai été témoin en fin 1916 de la chute à proximité de Bou Tilimit d'un bolide qui causa une explosion d'une amplitude extraordinaire. J'ai envoyé le lendemain des gardes montés pour tenter de retrouver des débris du météore. Ils sont revenus déclarant n'avoir rien vu. Mais le vénérable cheik Sidris m'a affirmé que de semblables phénomènes étaient fréquents et que les Maures connaissaient fort bien l'existence de nombreux blocs de fer météorique, en différents points de Mauritanie.

Enfin le petit bloc que j'ai remis à M. Hubert était aussi sensible à l'aiguille magnétique que du fer pur. Cet échantillon a du reste été analysé, je crois, et M. le professeur Lacroix donne le résultat de cette analyse dans sa communication à l'Académie des sciences, d'où il ressortirait, si mes souvenirs sont exacts, que cette composition est sensiblement la même que la plupart des fers météoriques connus.

*Je regrette vivement que l'indifférence manifestée à l'époque par les autorités de l'*AOF *– indifférence très compréhensible d'ailleurs, vu les événements de France – ne m'ait pas permis de revenir sur les lieux avant la mort de Sid Ahmed Ould Zeid et de relever l'itinéraire et les cotes de la météorite.*

Je regrette également, monsieur le Professeur, de ne pouvoir vous renseigner de façon plus complète. Je me tiens par ailleurs à votre disposition pour le cas où vous désireriez, au cours d'un de mes passages à

Marseille, me poser d'autres questions au sujet de cette météorite ; je vous serai très reconnaissant de me le faire savoir et je vous demanderai, par téléphone, à Marseille, lorsque l'occasion m'y amènera, l'heure à laquelle il vous conviendra de me recevoir.

Veuillez agréer, monsieur le Professeur, l'expression de mes sentiments les plus respectueux.

M. G. Ripert
Saint-Pierre de Féric - Nice

Ainsi Gaston Ripert a peu de choses à ajouter à ce qu'il avait écrit au gouverneur général. Cependant quelques éléments nouveaux apparaissent, venant d'ailleurs renforcer les aspects romanesques de l'affaire : en premier lieu, la réticence de son guide qui l'aurait empêché d'emporter avec lui du matériel d'orientation, et ensuite, l'origine supposée météorique du bloc géant et son utilisation en tant que fer natif qui en auraient fait un objet secret dont Gaston Ripert lui-même n'aurait eu connaissance que par hasard. L'identité du guide de Gaston Ripert apparaît également pour la première fois : il s'agit d'un certain *"Sid Ahmed Ould Zeid"*, le *"chef de Chinguetti"*. Celui-ci serait, apparemment, mort peu de temps après l'excursion, peut-être empoisonné. Renseignement pris, le chef du village s'appelait Sidi Ahmed Ould Zeïn. Quoique certains informateurs aient pu mettre en doute la capacité de ce dernier (en raison de son âge notamment) à se déplacer dans une région à certains égards difficile, il nous paraît cependant bien clair que c'est lui que désignait Gaston Ripert. En effet, il parle toujours de son guide comme étant *"le chef de Chinguetti"*. Nous n'avons, par ailleurs, pas réussi à identifier de Sid Ahmed Ould Zeid. Sidi Ahmed Ould Zeïn est effectivement mort en janvier 1917, de manière assez inattendue, et les causes de ce décès ont paru suspectes à certains de ses proches (voir p. 71, journal de Th. Monod).

Cette lettre sera suivie, un mois plus tard, le 19 novembre 1932, d'une visite de G. Ripert à J. Bosler à l'observatoire de Marseille, démarche qui, selon nous, démontre s'il en était besoin la parfaite bonne foi de G. Ripert dans toute cette affaire. J. Bosler rédigera le compte rendu suivant :

Visite de M. G. Ripert, actuellement directeur de la Cie Ouest-Cameroun à Foumbot (Cameroun), officier de la Légion d'honneur, à M. Jean Bosler, directeur de l'observatoire de Marseille, le 19 novembre 1932.

M. Ripert estime qu'il n'y a point de doute : la grosse météorite vue par lui en 1916, près de Chinguetti (Adrar), était métallique, ce qui écarte l'hypothèse émise un moment d'une roche terrestre émergeant des sables sur laquelle se serait trouvé, par hasard, le petit bloc de 4,5 kg analysé en 1924 par M. A. Lacroix.

Les aiguilles découpées par l'érosion éolienne dans la grande masse présentaient, quand on les frappait avec le petit bloc de 4,5 kg, les mêmes martelures que ce dernier, ce qui confirme la nature métallique de la masse principale, dont certaines parties présentaient d'ailleurs, au soleil, le poli caractéristique des métaux.

C'est le matin que M. Ripert est arrivé sur l'emplacement de la météorite : il en est reparti presque aussitôt en raison des instances de son guide, le chef de Chinguetti, qui craignait, si l'expédition s'ébruitait, le mécontentement de ses administrés indigènes. En fait ce chef fut, peu après, empoisonné et M. Ripert est convaincu qu'il expia ainsi sa complaisance envers lui.

Sur l'emplacement précis de la météorite, les souvenirs de M. Ripert sont incertains : il le croit au sud-est de Chinguetti plutôt qu'au sud-ouest, direction indiquée dans la note de M. A. Lacroix à l'Académie des sciences en 1924. Mais au fond, M. Ripert ne se rappelle plus : d'ailleurs son guide n'a certainement pas pris le chemin le plus court. La distance était telle qu'à dos de méhari il suffisait d'une dizaine d'heures pour la couvrir, détours compris. M. Ripert et son guide sont partis dans la soirée et arrivés le matin suivant.

Les indigènes de la région appellent la masse de Chinguetti la "Pierre tombée du Ciel", ce qui prouve bien qu'ils en soupçonnent la véritable nature. En tout cas, elle était déjà là, il y a cinquante ans et les forgerons arabes en extraient couramment du fer pour le travailler ; ceci explique, dans une certaine mesure, l'importance qu'ils attachent à ce que les Européens ne viennent pas, d'une manière ou d'une autre, les évincer d'une "mine" considérée par eux comme leur appartenant.

Il serait intéressant de voir si les nombreux fers météoriques dont la région est parsemée possèdent ou non la même composition que le bloc de 4,5 kg analysé par M. Lacroix.

Ainsi, ce jour-là, Gaston Ripert met en doute les précisions quant à l'emplacement de la météorite, *"il le croit au sud-est de Chinguetti plutôt qu'au sud-ouest"* et, au fond, *"il ne se rappelle plus"*. Il faut se souvenir ici que, dès 1924, cette direction avait déjà paru incertaine à Henry Hubert (voir p. 28). Ce dernier craignait-il d'avoir mal transcrit l'information communiquée oralement par Gaston Ripert, ou avait-il eu un nouveau contact avec ce dernier, lequel aurait, dès cette date, modifié son indication sur l'orientation du trajet original ? D'autre part, les précisions données par Gaston Ripert au cours de cette visite sur les *"aiguilles découpées dans la masse métallique"* ne semblent plus tout à fait en accord avec les indications contenues dans la note de A. Lacroix. Elles paraissent aussi moins suspectes : *"Les aiguilles découpées par l'érosion éolienne dans la grande masse présentaient, quand on les frappait avec le petit bloc de 4,5 kg, les mêmes martelures que ce dernier, ce qui confirme la nature métallique de la masse principale."* Mais faut-il s'étonner qu'une

15. Portrait de Jean Bosler. (Arch. Acad. Sci., dossier Bosler.)

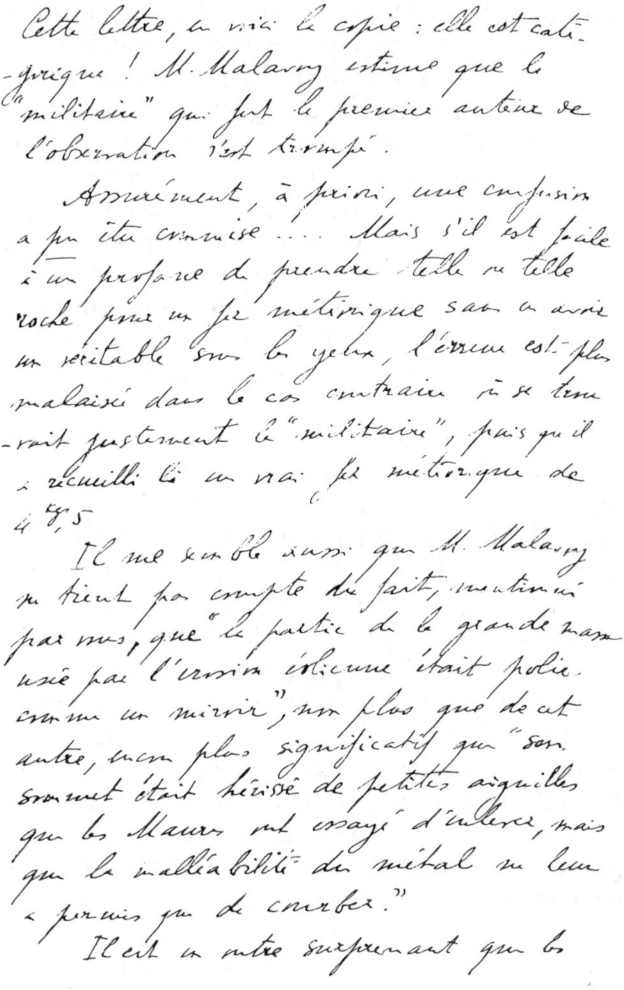

Cette lettre, en voici la copie : elle est caté-
-gorique ! M. Malavoy estime que le
"militaire" qui fut le premier auteur de
l'observation s'est trompé.

Assurément, à priori, une confusion
a pu être commise ... Mais s'il est facile
à un profane de prendre telle ou telle
roche pour un fer météorique sans en avoir
un véritable sous les yeux, l'erreur est plus
malaisée dans le cas contraire où se trou-
-vait justement le "militaire", puisqu'il
a recueilli là un vrai fer météorique de
4 k5

Il me semble aussi que M. Malavoy
ne tient pas compte du fait, mentionné
par nous, que "la partie de la grande masse
usée par l'érosion éolienne était polie
comme un miroir", non plus que de cet
autre, encore plus significatif que "son
sommet était hérissé de petites aiguilles
que les Maures ont essayé d'enlever, mais
que la malléabilité du métal ne leur
a permis que de courber."

Il est en outre surprenant que les

16. Extrait d'une lettre de Jean Bosler à Alfred Lacroix (Marseille, 6 octobre 1932). (Arch. Acad. Sci., dossier Bosler.)

information transmise (à H. Hubert) puis retransmise (à A. Lacroix) se soit partiellement déformée ? Lors de cette même visite, Gaston Ripert précise encore la durée du trajet séparant Chinguetti de la météorite. *"La distance était telle qu'à dos de méhari il suffisait d'une dizaine d'heures pour la couvrir, détours compris."* Précision qui correspond bien à la distance de 45 km indiquée par Alfred Lacroix dans sa note de 1924. Enfin, le visiteur confirme à son hôte astronome le nom attribué par les indigènes au bloc en question : *"la Pierre tombée du Ciel"*, dont les forgerons arabes auraient, selon lui, couramment extrait du fer pour le travailler.

Cette visite, en tout cas, ne fait que renforcer l'opinion de Jean Bosler concernant l'existence de la météorite et la bonne foi de l'informateur. *"J'ai vu, en effet, M. Ripert, le «découvreur» de la météorite : j'ai causé deux heures avec lui et il me paraît maintenant bien difficile de soutenir qu'il a pu se tromper..."* (Lettre à A. Lacroix du 9 février 1933.) A la même époque, Jean Bosler aura, à Paris, un entretien avec Henry Hubert qui se montre, lui aussi, tout à fait convaincu de l'authenticité des observations de Gaston Ripert. Jean Bosler s'efforcera, dès lors, des années durant, d'obtenir de l'administration coloniale française que des recherches décisives soient enfin entreprises pour permettre la découverte de la météorite géante. Ses efforts, on doit l'avouer, resteront sans succès.

Quant au principal intéressé, Gaston Ripert, établi dans la plantation de Monoun à Foumbot, au Cameroun, il ne semble guère se faire d'illusions comme en témoigne une lettre qu'il adresse le 24 octobre 1934 à un chercheur poursuivant un long voyage d'études au Sahara occidental. Gaston Ripert y justifie l'imprécision de ses déclarations concernant, notamment, la localisation de la météorite : il n'avait, à l'époque, attaché qu'une *"curiosité touristique"* à celle-ci, et ses souvenirs se sont effacés depuis. Son amertume apparaît en ce qui concerne les jugements critiques portés sur le bien-fondé de ses affirmations (cf. fig. 17).

"Je sais que l'opinion générale est que la pierre n'existe pas. Pour les uns je suis purement et simplement un imposteur qui a ramassé un petit bloc métallique sur un rag de Mauritanie. Avouez que je n'ai rien fait pourtant pour imposer mon imposture. Pour les autres, je suis un naïf qui a confondu une météorite de grandes dimensions avec une falaise de grès noirci et poli comme il s'en trouve tant dans ce pays. Je ne ferai rien pour les détromper. Je me soucie assez peu de ce que peuvent penser les uns et les autres : je sais seulement ce que j'ai vu car je l'ai bien vu et l'aurais probablement retrouvé si l'on m'avait chargé de le faire alors que mes souvenirs visuels – vous savez le rôle qu'ils jouent en pays désertique – et mon âge le permettaient encore. Et maintenant mon seul chagrin est de ne plus pouvoir vous aider en quoi que ce soit."*

Cette amertume paraît compréhensible de la part d'un homme qui s'était efforcé d'aider la science et la connaissance géologique de régions encore peu connues, notamment en récoltant et en envoyant des échantillons – ainsi qu'il devait le faire ultérieurement depuis le Cameroun, comme l'attestent des échantillons adressés au Muséum en 1918.

Le destinataire de cette lettre qui, plus chanceux que Bosler, non seulement a obtenu l'accord des autorités et l'aide des institutions locales, mais revient du Sahara occidental, de l'Adrar, de Chinguetti où il a procédé à des recherches, n'est autre qu'un chercheur solitaire, bourlingueur du désert, et curieux de tout ce qui touche à ce dernier : Théodore Monod.

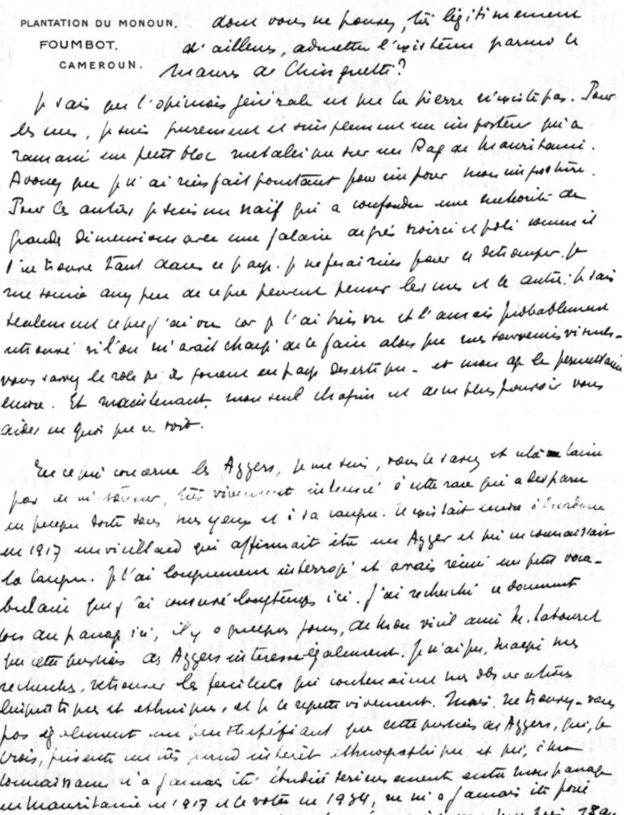

PLANTATION DU MONOUN.
FOUMBOT.
CAMEROUN.

dont vous ne pouvez, très légitimement d'ailleurs, admettre l'existence parmi les Maures de Chinguetti?

Je sais que l'opinion générale est que la pierre n'existe pas. Pour les uns, je suis purement et simplement un imposteur qui a ramassé un petit bloc métallique sur un Reg de Mauritanie. Avouez que je n'ai rien fait pourtant pour mériter mon imposture. Pour les autres, je suis un naïf qui a confondu une météorite de grandes dimensions avec une falaise de grès noirci et poli comme il s'en trouve tant dans ce pays. Je ne ferai rien pour les détromper. Je me soucie assez peu de ce que peuvent penser les uns et les autres. Je sais seulement ce que j'ai vu car je l'ai bien vu et l'aurais probablement retrouvé si l'on m'avait chargé de le faire alors que mes souvenirs vivants — vous savez le rôle qu'ils jouent en pays désertique — et mon âge le permettaient encore. Et maintenant mon seul chagrin est de ne plus pouvoir vous aider en quoi que ce soit.

En ce qui concerne les Aggers, je me suis, vous le savez et cela ne laisse pas de m'étonner, très vivement intéressé à cette race qui a disparu presque toute sous mes yeux et à sa langue. Il existait encore à Ouadane en 1917 un vieillard qui affirmait être un Agger et qui connaissait la langue. Je l'ai longuement interrogé et avais réuni un petit vocabulaire que j'ai conservé longtemps ici. J'ai recherché ce document lors du passage ici, il y a quelques jours, de mon vieil ami M. Latourel que cette question des Aggers intéresse également. Je n'ai pu, malgré mes recherches, retrouver les feuillets qui contenaient mes observations linguistiques et ethniques, et je le regrette vivement. Mais ne trouvez-vous pas également un peu stupéfiant que cette question des Aggers, qui, je crois, présente un très grand intérêt ethnographique et qui, à ma connaissance n'a jamais été étudiée sérieusement entre mon passage en Mauritanie en 1917 et le vôtre en 1934, ne m'ait jamais été posée avant septembre 1930 et que simultanément, à quelques jours près, 17 ans

17. Extrait d'une lettre de Gaston Ripert à Théodore Monod (Monoun, 24 octobre 1934). (Arch. IFAN.)

5

PREMIER VOYAGE DE THÉODORE MONOD A CHINGUETTI

Une enquête sur la météorite de Chinguetti fut l'un des principaux objectifs de la longue mission au Sahara occidental effectuée en 1934-1935 par Théodore Monod, alors assistant au Muséum national d'Histoire naturelle.

Cet infatigable chercheur, spécialisé dans l'étude des poissons et, à ce titre, arrivé sur la côte de Mauritanie en 1922, ne devait pas tarder à succomber à l'appel du désert. Depuis lors, il parcourt sables et rags caillouteux, ramassant ici un biface, là une fleur ou un échantillon de roche. Ses pérégrinations l'ayant néanmoins cantonné – si l'on peut dire quand il s'agit d'espaces étendus sur plusieurs centaines de kilomètres – dans le Sahara central, l'ouest du grand désert attire ce naturaliste éclectique. Cette région, qui va devenir un an durant un terrain de recherche privilégié, est en effet restée relativement peu connue. En 1836, la tentative de Davidson, parti du Maroc pour rejoindre Tombouctou, s'était achevée dans les falaises du Hank par le massacre de l'infortuné explorateur. Le major Gordon Laing, de son côté, avait atteint Tombouctou dès 1826, en partant de Tripoli, mais ne devait pas revenir de ce voyage après avoir été attaqué par des Bérubiches à 50 km au nord de Tombouchou. Dans des conditions épouvantables, en plein été, mutilé par vingt et une blessures, Laing devait cependant atteindre le point d'eau d'Amrenan puis le campement du marabout Kounta avant de mourir. Cette aventure s'était achevée au pied d'un arbre : un *Maerua crassifolia*, comme l'avait noté Théodore Monod, de passage dans la région en 1934, en savant qui n'oublie pas l'observation du détail, avant d'ajouter, cependant, que l'arbre qu'on lui avait montré paraissait trop jeune pour avoir vu mourir Laing.

Ainsi, l'ouest saharien, bien qu'officiellement contrôlé par les troupes françaises, demande à être enfin étudié de manière plus systématique, objectif convenant particulièrement à un chercheur polyvalent et solitaire comme Théodore Monod. Celui-ci, toujours aussi curieux, rêvait même à l'époque d'aller de la Mauritanie au Maroc, en traversant le Sahara espagnol.

Préparant sa mission au Sahara occidental, Théodore Monod s'intéresse au problème de la météorite de Chinguetti dont il a appris l'existence par la note d'Alfred Lacroix parue dans les comptes rendus de l'Académie des sciences. Il échange des correspondances avec diverses personnes et notamment Jean Bosler dont il obtient les adresses de Gaston Ripert à Nice et au Cameroun. La mission reçoit un avis favorable du directeur du Service des Mines, Jean Malavoy, malgré l'incrédulité de celui-ci au sujet de la météorite. Mais la recherche de cette dernière n'est pas le but fondamental de ce voyage. S'il y en a un à l'époque, c'est celui d'"accrocher" géologiquement les relevés accomplis dans le Tassili et dans l'Adrar – ce qui sera chose faite *"un beau jour, un beau jour inhumainement torride, le 27 juillet 1934 à Iramach"* quand Théodore Monod découvrira enfin *"à leur place «officielle» et escomptée, les schistes papyracés : d'un seul coup, cette maudite masse de grès de l'Adrar et du Tagant, renonçant à narguer plus longtemps l'inquiétude, voire l'irritation du géologue, acceptait de s'avouer stratigraphiquement conforme aux enceintes tassiliennes du massif central saharien"*.

Quels qu'en soient les objectifs, un tel voyage n'est pas une mince affaire. Le départ de Paris a lieu le 13 mars 1934 au soir. Le lendemain, c'est le départ de Bordeaux, à bord du *Foucauld* des Chargeurs réunis et, le 23 mars, le débarquement à Dakar. Reste à se rendre en Mauritanie, puis dans l'Adrar, mais avant tout à passer quelques jours à Dakar, pour régler des appareils de mesure, rencontrer diverses autorités et autres collègues, obtenir de l'administration de l'AOF des facilités de transport. Ces dernières, généreusement, accordent à l'assistant du Muséum la gratuité sur les chemins de fer et, dans l'impossibilité de tenir leurs engagements faute de toute voie ferrée au-delà de Saint-Louis du Sénégal, s'engagent à payer pour la location de quelques dromadaires. Auparavant, néanmoins, Théodore Monod a pu bénéficier du cadeau sur la ligne de Dakar à Saint-Louis, une journée entière de trajet avec un arrêt-buffet. A Saint-Louis, il rencontre le capitaine G. de Linarès qui lui écrira le vendredi 4 mai 1934 après avoir, semble-t-il, obtenu d'un forgeron des renseignements qui ressemblent de manière troublante à ceux qu'avait recueillis Gaston Ripert : *"Il a fini par me dire que les mallems* de Chinguetti recueillaient du «fer de Dieu». Suivait une description, bloc de la dimension de ma maison autour duquel on trouvait encore de petits morceaux de fer. Les habitants du pays s'en écartent toujours quand ils sont avec des Européens et préfèrent que les infidèles en ignorent l'existence. D'après ce type, ce serait non pas au sud-ouest, mais à l'est ou au sud-est de Chinguetti, à égale distance à peu près de ce poste et de Ouadane."* S'agit-il d'un renseignement indépendant ou d'un écho de ceux qui avaient antérieurement été fournis à Gaston Ripert ? Le capitaine de Linarès ne semble malheureusement pas avoir eu l'occasion de retourner sur place et de se faire conduire par son informateur à l'endroit indiqué. Clin d'œil du hasard, à Saint-Louis, l'explorateur rencontre un épicier nommé Monod, comme lui. Il trouve ensuite, en la personne d'un administrateur regagnant son poste, une occasion de monter jusqu'à Aleg,

18. Portrait de Théodore Monod en Mauritanie, env. 1955. (Repr. : J.-M. Durou.)

situé au sud de la Mauritanie et d'où s'organisera le départ en caravane. L'endroit n'a certainement rien d'idyllique mais il est propice au ramassage, en particulier d'une graminée, d'un flacon de faune d'eau douce récoltée dans une rigole, d'un hyménoptère ayant construit son nid en argile dans une case du poste… Car, à dater du 1er avril, à Aleg, le journal de route de Théodore Monod – un carnet 17 x 22, 300 pages petits carreaux, acheté 6,50 francs à la papeterie A. Gouillet, 24, boulevard Saint-Michel à Paris – prend son rythme de croisière, à savoir : page de droite réservée au journal quotidien, purement descriptif, aux observations, à l'inscription des températures, altitudes et autres données scientifiques, et page de gauche réservée à la liste des spécimens récoltés : gousses d'acacia, parasites de l'intestin d'un crapaud, chauve-souris, cochenilles *"ruisselantes de manne"*, quartz, hache en pierre polie… tous soigneusement numérotés, de 1 à 1680 pour ce qui concerne la période s'étendant du 1er avril 1934 au 9 août de la même année – soit une moyenne de près de treize collectes par jour.

Le voyage se poursuit ainsi au fil des croquis de mâchoires de dromadaire, des agencements de plaquettes d'argile grise sur les murs des maisons, des transcriptions de mots arabes ou de l'idiome local, des profils géologiques soigneusement tracés, au fil des pages de ce carnet qui, présenté aujourd'hui comme une pièce à conviction dans l'étonnante affaire de la météorite de Chinguetti, nous permet non seulement de ne pas encourir la mésaventure arrivée aux notes de Gaston Ripert mais aussi de préciser un lieu, une atmosphère, et la personnalité de l'un des principaux protagonistes de l'affaire.

Les moyens utilisés pour la recherche et la collecte ne sont pas sans danger. Le 11 avril, accident du travail avec un récipient en verre : *"Je réussis, en voulant boucher un quart Lacaze, à faire éclater ce dernier si malencontreusement qu'il m'ouvre la main gauche et me sectionne un vaisseau : le sang gicle au rythme du cœur. Garrots, lavages et pansements au permanganate. En réalité, il eût fallu pouvoir rapprocher les lèvres et recoudre. Obligé de renoncer à la faune aquatique et au départ dans l'après-midi."* Le lendemain, le sang se met à nouveau à couler, par deux fois.

Citons, à ce stade, un autoportrait du personnage : *"Ce bédouin barbu, pieds nus dans de grossières sandales de peau de bœuf, coiffé d'un béret basque ridiculement exigu, vêtu d'un saroual barbaresque, d'une veste de chasse de velours noir et d'une djellaba marocaine rayée de noir, de brun, de blanc et de jaune, un baromètre en sautoir, en bandoulière la lourde presse à plantes que l'ami B. appelait «un tape-cul système Monod» ou un «tape-Monod système c...», deux sauterelles et des cailloux préhistoriques dans une poche,* le Rouge et le Noir *dans l'autre, et des échantillons de lichens dans la coiffe du béret."*

Ce bédouin barbu marche de nombreuses heures par jour, très tôt le matin puis en fin d'après-midi, souvent pour des étapes quotidiennes de six à sept heures. Toujours préoccupé par la jonction des masses géologiques, il ne comprend *"encore rien à l'architecture de ce rebord du Tagant"* et se propose *"d'attendre d'en avoir vu davantage"* ou de *"voir dans les jours qui suivent si l'hypothèse a la moindre vraisemblance"*. Il n'a pas, cependant, oublié la météorite.

Le 5 mai, à Atar, il s'entretient avec le commandant Bouteil et les lieutenants Larroque et Luthéreau. Il regrette, dans son journal, de n'avoir pu participer, à deux mois près, à la liaison opérée par trois officiers d'Atar avec les Marocains de Tindouf, qui lui aurait permis de voir Smara – ville à l'époque presque aussi mythique que l'était naguère Tombouctou. Il mentionne ensuite l'objet mystérieux : *"Au sujet de la météorite, aucun renseignement précis à espérer à Atar, le lieutenant Larroque me signale cependant un vieillard, un marabout, qui prétend avoir vu la pierre en 1913. Vu Ahmadou Mahmadou Ba, il était à Chinguetti quand Bruneau de Laborie a cherché la météorite fin 1928-début 1929 ; on a recherché des gardes méharistes et des partisans du temps de Ripert pour les mettre à la disposition de Bruneau de Laborie qui aurait cherché «40 jours» sans succès. Sidi Ahmed serait mort en 1919 subitement, et de la* *grippe. Voir Bazeïd, interprète à Chinguetti et les notables el Béchir, chef du ksar et Ould Zerrouq. (...) La météorite serait connue sous le nom de météorite «de Zerga». D'après un renseignement obtenu par la mission Blanchet, il y aurait des masses de fer près de Chinguetti dans l'Azouer, au djebel* Grana."*

Le lendemain, le lieutenant Larroque remet à Théodore Monod une note récapitulative précisant le nom du marabout qui aurait vu la pierre en 1913 ; il s'agirait d'un certain Mohamed el Haffer, Ida Ouali qui se trouvait alors au Groupe nomade d'Ijil. Le commandant Bouteil aurait également entendu parler d'un mallem résidant alors à Saint-Louis et connaissant un affleurement d'où l'on pouvait extraire du fer. On peut penser que ce mallem est le même que celui dont le capitaine de Linarès avait déjà signalé l'existence.

Les jours suivants sont occupés à examiner le secteur. Des falaises aux petits trous d'eau, tout est observé avec soin et permet de rassembler quelques dizaines de spécimens. Des gens du cru accompagnent le naturaliste mais ne sont apparemment pas toujours disposés à collaborer, ainsi, le 9 mai, Théodore Monod note-t-il : *"Expédition à la guelta* supérieure d'Ijil qu'aucun des partisans ne connaît – du moins l'affirment-ils, peut-être pour tenter de me décourager d'y aller."* Le moins que l'on puisse dire est que cette attitude est sans effet puisque suit bientôt la description d'un canyon *"d'un pittoresque extraordinaire, très sinueux, étroit, entre des parois à pic"*. Le scientifique cependant n'est pas là pour s'extasier et ajoute très vite les connotations géologiques qui s'imposent : *"grès malachite"*, *"galets éruptifs"*, *"discordance très apparente mais sans conglomérat"*.

Dans cet univers minéral difficile à parcourir, souvent à pied, puisque les dromadaires n'avancent que très péniblement, l'activité du naturaliste est permanente et l'on ne peut être que surpris, à la lecture des pages du journal de route, de voir à quel point une région à première vue morte et stérile peut être truffée de vie : poissons, insectes, oiseaux, traces d'animaux, mais aussi de souvenirs d'une époque où l'homme vivait là en nombre : débris de poteries, bifaces, gravures rupestres, fresques. Sans oublier cette sorte de vie différente, repérable au niveau des falaises, des grains du sol et des horizons, qu'impose en permanence un regard mû par l'intérêt géologique.

Le 14 mai, de retour à Atar, *"13 heures – 733,8 millibars – 93 mètres"*, Théodore Monod s'entretient avec Bazeïd, interprète principal en service à Chinguetti : *"Est arrivé en 1916 à Chinguetti, y a vu Ripert, a accompagné Ripert (résident de Chinguetti) dans toutes ses sorties, il n'a jamais entendu la moindre allusion à la météorite.*

"Ripert est arrivé comme résident en 1916 – départ pour le Groupe nomade en août (vers le Tagant), revient à Chinguetti comme résident en janvier 1917, part en mai 1917 pour le Sud, en congé. Sidi Ahmed Ould Zeïn (et non Zeid) est mort de maladie *en janvier 1917. Bazeïd, très étonné que Sidi Ahmed ait pu servir de guide, c'était un ksourien*, ignorant des choses de la brousse ; de plus il estime que Ripert à Chinguetti n'aurait pu faire l'expédition sans que lui le sache et que Ripert au Groupe nomade n'a pu avoir de rapports avec Sidi Ahmed. – Le lieutenant Bonnin a cherché au sud-ouest (Aouinet – Zerga – Dakhlé), Bruneau de Laborie une dizaine de jours dans les parages de Zerga.*

"Voir le frère de Sidi Ahmed, Abd er Rahman Ould Zeïn, Mohammed el Béchir, chef des Laghlal, Talib Ould Zerrouq (se trouve au Tagant) ; Mohammed Sraïr est mort. A deux reprises on a promis des récompenses (500 F dans un cas) : capitaine Jayet, au temps du lieutenant Bonnin – Bruneau de Laborie et lieutenant Maurel. Bazeïd est très sceptique sur l'existence de la pierre et ne croit pas du tout que les indigènes puissent en dissimuler l'existence : ils l'ignorent. Autres renseignements Bazeïd : Amojjiar la Pierre de l'Essai : Hajrat el Raoudha serait aussi tombée du ciel (...)."

Décidément, cette région est pleine de pierres étranges ! Le 25 mai, Théodore Monod campe non loin du puits d'El Aïoudj et, après avoir noté la prononciation française et la transcription arabe du nom local des argiles noires, sablonneuses ou verdâtres, il note dans son carnet : *"Causé le soir à Fdérik avec Mohammed el Haffer qui prétend connaître une pierre isolée, au nord d'Aouinet, grosse «comme un camion» mais plate et qui n'est certainement pas la pierre de Ripert."*

Tel un prélude à ce que pourrait être la découverte de la météorite, Théodore Monod arrive le 3 juin à *"la célèbre «Hajrat el Raoudha», la «Pierre de l'Essai» que, dit-on, personne ne peut soulever malgré son volume relativement faible. On la dit tombée du ciel ou l'œuvre des Bafours (!)."* Le voyageur, comme tout passant ordinaire en ce lieu, tente l'essai et note bientôt dans son journal de route qu'il a *"soulevé la pierre de quelques centimètres"*, puis, scientifique impénitent, il en donne une description morphologique et géologique très précise et en prélève *"quelques esquilles"*.

Reste donc à trouver la météorite. Théodore Monod s'en approche ou, du moins, de Chinguetti.

Chinguetti, une localité située à la limite du blanc et du noir, car *"le massif lui-même, le «Trab lakhal» ou «Pays noir», se défend honorablement, mais le voici tout cerné des dunes du «Pays blanc», le «Trab labiodh» sous lesquelles disparaît l'écorce noire, dure et vernissée de ses hammadas et de ses regs.*

"Tous les creux, toutes les dépressions se feront pièges à sables et le manteau blond des poudres de quartz montera lentement à l'assaut des cailloux : à Chinguetti, si l'on fait face au sud-est et aux dunes du Mghallig, il faut imaginer devant soi, au bas mot, mille kilomètres de dunes, et d'un seul tenant..."

Arrivée à Chinguetti le 5 juin 1934. Depuis la veille le ciel est plus ou moins couvert et, le soir, un fort vent de sable a troublé le campement. Le départ a eu lieu de très bonne heure – à 4 h 45 –, d'où une arrivée matinale – à 6 h 15 – à Chinguetti, après une étape très courte. Le voyageur, accueilli au poste par le lieutenant Le Bihan, passe apparemment la journée à enquêter sur l'étrange caillou. Sur la page de gauche, pour le 5 juin, l'inventaire des spécimens de la journée ne comporte que deux objets néolithiques, dons du lieutenant et ramassés dans la région. Les pages de droite sont quasi exclusivement consacrées à la météorite :

"A la Résidence, interrogatoire du chef des Laghlal, Mohammed el Béchir : ne sait absolument rien de la pierre : «Quand tu chercherais jusqu'à la fin du monde, tu ne trouverais jamais quelqu'un qui connaisse cette pierre.» Signale cependant un caillou isolé à «Greïnat Kider» (de l'Adrar Lauzarne) et deux guelbs au sud-ouest : gleïb Erjel à 15 km, route de N'Cher et gleïb Aghnougit à 15 km, route de Zerga."*

Puis, sur la deuxième page de droite pour cette même journée, la description des grands moyens :

"Fait traduire et afficher la notice suivante" : suit le texte de l'affiche figurant au prologue, p. 11.

"Interrogé un vieux courtisan de Sidi Ahmed Ould Zeïn, Mohammed el Amnir Ould Hamoud : aucun renseignement, ignore tout du voyage qu'aurait fait Sidi Ahmed avec Ripert. Interrogé un très vieux mallem, depuis 53 ans à Chinguetti, Abdallah Ould Beida, qui ignore tout : «Mes yeux n'ont pas vu, mes oreilles n'ont pas entendu.»"

Pour le 6 juin, le résumé des entretiens et des réflexions de la journée est si long que, une fois la page de droite entièrement remplie, le naturaliste-enquêteur termine sur le haut de la page de gauche :

"6 juin

"Suite de l'enquête sur la pierre. Mohammed Abdallah Ould Cheikh el Hamani, cadi de Chinguetti,*

confident de Sidi Ahmed, affirme que ce dernier n'aurait rien pu lui cacher et qu'on aurait certainement connu l'affaire si elle avait eu lieu. D'ailleurs, Sidi Ahmed, sédentaire, ne connaissait pas le pays. Rien sur la pierre.

"Mohammed el Béchir, chef des Laghlal, dit que Sidi Ahmed n'est sorti qu'une fois avec Ripert, pour la tournée à El Berbera. Mohammed Ould el Béchir, cadi adjoint, rapporte avoir vu extraire à Chinguetti du fer de la latérite du guelb Areïga ; aucun renseignement sur la pierre.

"Les Ahel Abdi (Ida Ouali) (quatre personnages dont trois vieillards) n'ont jamais eu connaissance d'un autre déplacement de Sidi Ahmed avec Ripert que lors du voyage à El Berbera ; interrogés sur les causes de la mort de Sidi Ahmed ils croient spontanément qu'il a succombé à des pratiques magiques, à la suite de quelque chose que l'on avait mêlé à sa nourriture.

"Sidi Ahmed aurait été avec Ripert aussi à Tanouchert chasser et régler un différend Kounta-Amgarij ; aurait été accompagné de Talib Ould Zerrouq, serait resté «quelques» jours parti (7 ?).

"Daha Ould Choumad, Kounta, chef des Ahel Choumad : rien sur la pierre.

"Si 1. Sidi Ahmed n'est vraiment sorti qu'une fois, avec Ripert et si 2. ce dernier a dit la vérité en disant avoir été guidé par Sidi Ahmed on aboutit à l'hypothèse suivante : c'est à l'occasion du voyage à El Berbera que Sidi Ahmed a montré la pierre, Ripert ne disant nulle part qu'après avoir vu la pierre il soit retourné à Chinguetti. Peut-être avait-il devancé son escorte et l'a-t-il rejointe alors. L'itinéraire d'aller aurait passé par Zerga, où précisément on signale plusieurs cailloux bizarres. Il faudra tâcher de retrouver quelqu'un ayant fait partie de l'expédition et aller sur les lieux vérifier les pierres signalées et examiner avec soin le district. Je pense faire ce morceau sud-ouest dès mon retour de Jraïf-Chrerik."

Dans les jours qui suivent, Théodore Monod parcourt la région, mais sa préoccupation principale est alors l'observation des schistes, des grès, des calcaires et des divers affleurements rocheux qu'il essaie d'organiser, avec le même soin méticuleux qu'il apporte à toutes ses enquêtes. Là encore, il interroge les gens du cru mais sans prendre pour argent comptant les dires des observateurs qui l'ont précédé ; ainsi, le 8 juin : *"A signaler des cailloutis et des calcaires quaternaires, bréchoïdes. N'Tid où affleurerait, d'après Chudeau, le cristallin, est situé dans l'Azarane et un indigène m'affirme que les mêmes schistes colorés s'y retrouvent, ce qui est évident ; d'ailleurs pour atteindre le cristallin il faudrait imaginer à N'Tid un puits traversant les calcaires à Collenia, tout le Tassili d'Azougui et tous les grès malachites ! Chudeau a été certainement trompé par son hypothèse de faille, avec laquelle semblait cadrer l'aspect topographique du pays. (...)"*

La température n'est pas quotidiennement indiquée mais on l'imagine aisément en regardant l'heure de départ pour le 9 juin : 3 h 55 ! à la fraîche, si l'on peut dire. Le paysage est austère, un *"reg à peu près plat"*, des *"collines basses (10-20 mètres) arrondies, très estompées, mais entaillées par des gorges assez vives qui fournissent de bonnes coupes. Le massif est essentiellement «jaspeux» : schistes violet sombre et vert sulfate de cuivre (vert-de-gris), plus ou moins compacts, se débitant en plaquettes ou lames dures, à débit papyracé, au-dessus des jaspes clairs."* Peu de végétation mais *"le profil des falaises du dhar* est toujours surmonté de silhouettes d'arbres"* (des *Maerua* et des *Ziziphus*). Les étapes sont longues, six à sept heures par jour, en deux parties, et fatigantes : 10 juin *"(...) Vu un caillou, sur le dhar, paraissant un biface en grès : ai été trop paresseux pour baraquer."* Pourtant dans cette somnolence provoquée par la fatigue, la réflexion ne cesse pas : *"En songeant à l'affaire Ripert je ne parviens pas encore à rejeter l'ensemble comme une mystification (volontaire ou* *non). Même dépouillée d'une série d'éléments trop romanesques, l'histoire comprend encore un témoignage direct sur la pierre. Il se peut fort bien que la pierre soit inconnue des indigènes en tant que météorite mais parfaitement connue par ailleurs ; c'est peut-être l'un des innombrables gleïbat de la région et le jour où nous découvrirons que le guelb Untel est en fer et porte effectivement quelques menues aspérités métalliques, peu visibles d'ailleurs, les indigènes nous diront : «Le guelb Untel ? Mais bien sûr, tout le monde le connaît, un enfant t'y aurait conduit : que ne nous disais-tu son nom !»"*

Et la quête dans les environs de Chinguetti continue. 11 juin : *"Trouvé un splendide biface en grès du dhar. Donc ce que j'ai vu pouvait bien en être aussi. Pas de nouveaux renseignements à Chinguetti. Il va falloir chercher soi-même et je repars dès demain pour la région de Zerga. Rangements, réparations diverses. La vie nomade est brutale, impitoyable aux biens matériels."*

12 juin : *"Etape Chinguetti – Zerga (Arouétine) 5 h 13 – 10 h 08 et 14 h 23 – 17 h 45. Erg* jusqu'à 15 h 10. A 8 h 05 aperçu au sud de l'itinéraire une tache noire dans l'erg ! Marché sur cette roche, atteinte à 8 h 48 : simple plaque de sable durci, à 452 mètres."*

13 juin : *"A l'aube, de 3 h 50 à 4 h 30, ascension du guelb er Raoui : à 4 h 15 au sommet : 695,9 (665 mètres). C'est peut-être le point culminant du long massif filiforme de Zerga et peut-être de l'Adrar. (...) Vue très étendue dans toutes les directions. (...) Des «asticots» dans l'eau de l'oglat* : proviennent du coffrage, disent les indigènes (coffrage en branches d'arbres et en sbot). (...) L'étonnement de la journée fut la profusion de bifaces (disques et coups de poing) paléolithiques. En grès toujours, dispersés à la surface du Tassili. Etant donné le hasard qui a présidé à la découverte d'objets nombreux, sur un trajet filiforme – et d'objets extraordinairement mimétiques et*

homochromes – on doit en conclure une inimaginable abondance de ces vestiges à la surface du plateau."

14 juin : *"J'envoie le convoi par les oueds, craignant que le plateau ne soit trop accidenté. En réalité, il est parfaitement plat ; c'est un reg. Mais la descente sur l'oued Timagazine est un peu escarpée. (...) Arrivée à El Berbera (la palmeraie principale, la troisième de la Khenga*) à 8 h 03. Site d'un pittoresque extrême, avec le cirque terminal occupé par un superbe étang (cf. Ilij), la falaise étant escaladée presque jusqu'en haut par les palmiers. (...) Vu dans la palmeraie deux espèces de tourterelles. Copié un certain nombre de «peintures» rupestres, si récentes que l'auteur, un jeune garçon, m'a été présenté ! (...) Tonnerre et éclairs au nord-est. Vers 15 h 30 tornade, précédée d'un coup de vent soulevant de la poussière sur les montagnes. Vent et pluie violents. A 16 h 25 l'oued coule, la montagne ruisselle. Accalmie, reprise vers 17 h 45 pour ne cesser que dans la nuit à une heure indéterminée (vers 0 h ?). Reprise vers 3 h pour se calmer à l'aurore. Quelques gouttes jusqu'à 8 h."*

Et le scientifique, qui un moment s'est laissé distraire par le sommeil, s'empresse le matin venu de reprendre ses annotations scrupuleuses : *"Profondeur de sable mouillé : 12,5-13,5 (...). En plusieurs points (2) j'ai remarqué que le sable mouillé de la dune ou d'une surface sur laquelle l'eau avait ruisselé se comportait sous le poids des chameaux comme une lame élastique : il y a sans doute un décollement à la limite du sable sec et du sable mouillé ; celui-ci formant une voûte semblable à une voûte de neige. Vu une grenouille : d'où est-elle sortie ? Sur le plateau, assez ensablé, les* Euphorbia balsamifera *abondent. De toute part résonne le chant strident des cigales que je n'avais jamais remarqué : chantent-elles depuis ce matin seulement ? Peut-être."*

16 juin : *"A l'aube, tout est trempé, y compris les voyageurs, leurs vêtements et leurs bagages. Départ à*

4 h 03. (...) Arrêt 10 h, de 8 h à 9 h 45, j'ai dû me reposer sous une euphorbe, un accès de «dysenterie» (?) m'ayant obligé à descendre de chameau. L'après-midi, 13 h 45 – 16 h 37, passé au puits d'Aouinet N'Cher[1]."

Le 18 juin, Théodore Monod repasse par Chinguetti et organise l'envoi de trois caisses de récoltes. Aucune nouvelle en ce qui concerne la météorite. Mais le 22 juin, par contre, on lit dans le journal de route :

"Interrogé un certain nombre d'indigènes au sujet de la météorite : résultat totalement négatif comme d'habitude, avec des gens dont l'ignorance et l'étonnement paraissent parfaitement sincères... Il y aurait à une heure de Chinguetti, au sud-est (cherg) plusieurs très gros cailloux dans la dune, au lieu dit Morleg el Hassi, où il y a eu un puits autrefois et où des dhayas* reçoivent encore de l'eau ; un gros talha* isolé. Un autre renseignement signale comme vivant encore à Chinguetti une nommée Mraïtéré, concubine de Ripert et qui aurait (?) accompagné ce dernier dans son expédition à la pierre. Le même informateur assure que Sidi Ahmed a lui-même parlé de l'affaire autour de lui."*

Mais de météorite toujours pas et la quête infructueuse continue :

25 juin : *"Départ 4 h 15. A 6 h arrivée dans les rgougat, à peu près au point où j'avais bifurqué au sud-ouest le 20. A partir de ce point et pour demeurer toujours à environ 45 kilomètres de Chinguetti, orienté la route à 20 degrés, malgré les réticences et les résistances du partisan déclarant la chose impossible. Arrêt à 10 h 15. Depuis la veille au soir le paysage : petit aklé à sbot* et titarek*. (...) Observé un*

1. Théodore Monod se trouve alors tout près du relief "en cap" qui, nous le verrons plus tard, semble être la clé de l'énigme : une masse noircie, haute d'une quarantaine de mètres et selon lui à la bonne distance de Chinguetti.

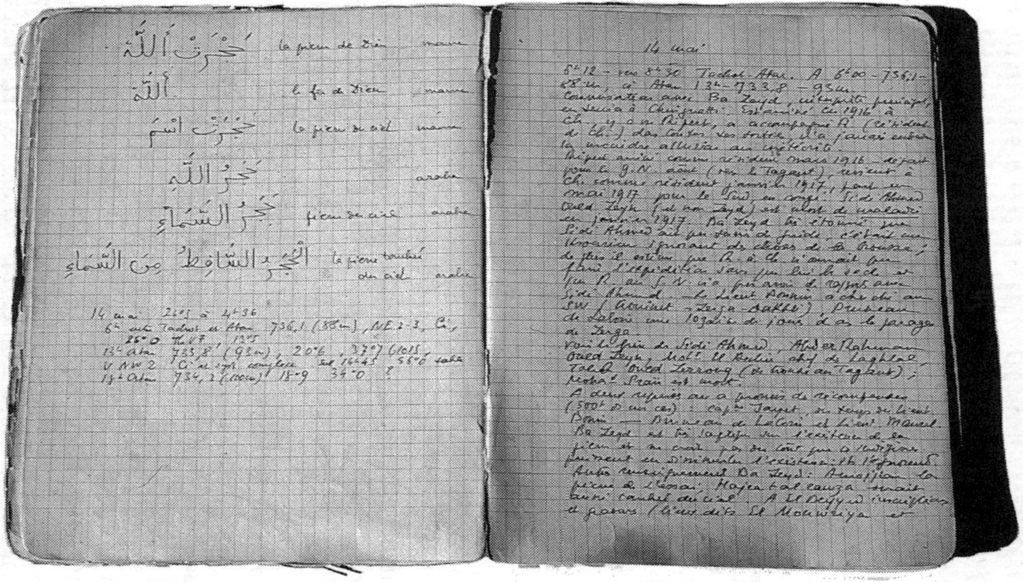

19. Extrait du journal de Théodore Monod, le 14 mai 1934. (Photo : G. Segerer.)

scarabée enfouissant des tronçons d'excréments humains ; il creusait le sable avec une rapidité et un enthousiasme admirables, remontant les déblais sur sa pelle céphalique." Le même soir, sans doute en discutant autour du feu avec ses compagnons indigènes, Théodore Monod a noté *"la Chanson du hérisson"*, du moins quelques fragments étonnants : *"errer de-ci de-là je désire", "la lune brille ce soir"...*

Le 27 juin : *"Envoyé dans la nuit une corvée d'eau remplir les guerbas* à Tanouchert. A l'aube, examiné les couches charbonneuses : il s'agit parfaitement de cendres et de charbon ; quelques grattages m'ont montré les couches noires reposant sur du sable blanc : les tranches examinées ne contenaient aucun objet. Il est donc improbable qu'il s'agisse, soit de foyer préhistorique, soit d'emplacement de potier ou de forgeron. D'autant plus que cette formation s'étend sur un grand nombre de kilomètres (au moins 25) puisque je l'ai retrouvée à plusieurs reprises au cours de l'étape et jusqu'à 15 h 15 environ. Il faut donc imaginer un cataclysme naturel, peut-être un incendie de forêt, pour expliquer pareils dépôts."*

Puis, les notes concernant la météorite se font rares. Des informateurs qu'il rencontre ensuite, Théodore Monod n'attend pas des renseignements sur celle-ci mais des récits légendaires, des données sur le vocabulaire azzer qui devait être couramment en usage autrefois dans la région. Le naturaliste devient ethnologue, note des mots et des plans de maisons, copie des pétroglyphes, entreprend des fouilles dans une butte d'argile durcie si compacte qu'elle exigerait *"des méthodes d'assyriologue, de nombreux ouvriers robustes et beaucoup de temps. Trente tirailleurs en huit jours en viendraient à bout."* Sur les pages du carnet les croquis de profils géologiques et la liste des cailloux ramassés n'ont pas disparu pour autant. Un proverbe est transcrit : *"Chaque voyage ajoute (perfectionne), et chaque tourment perfectionne l'âme (esprit)."* Les hypothèses sur l'origine des nécropoles rencontrées ou sur la rupture systématique des tiges d'une plante figurent aussi. Les commentaires sur la météorite ne reviennent que lors du nouveau passage à Chinguetti :

16 juillet, de retour à Chinguetti. *"Causé avec Bazeïd au sujet de l'affaire Ripert. Il affirme qu'il ne peut exister aucune raison d'aucune sorte pour dissimuler l'existence du caillou, de l'inexistence duquel il est intimement persuadé. Invraisemblance du fait que Sidi Ahmed eût servi de guide, ksourien auquel il faut un guide pour sortir du ksar. Bazeïd a fait partie du voyage sur El Berbera : Chinguetti – Atar – retour par El Berbera ; au cours de ce voyage Ripert n'a jamais circulé seul avec Sidi Ahmed. Le voyage de Tanouchert Ripert-Sidi n'a pas eu lieu. Le mallem de Linarès n'est pas un mallem mais un Ida Ouali tout jeune, de bonne famille, neveu de Sidi Ahmed, chassé pour vol de Chinguetti : pas sérieux."*

17 juillet : *"Chinguetti. Interrogatoire de Mraïtéré, ex-femme de Ripert. L'itinéraire Ripert pour se rendre au Groupe nomade fut Chinguetti – Bou Selbi dans la Hofrat. N'a jamais passé une nuit dehors. N'a aucune connaissance au sujet de l'affaire."*

18 juillet : *"Chinguetti. Lettre à Ripert, Gouverneur général, etc."*

Le 27 juillet, nous l'avons vu, est un grand jour, celui où l' *"accrochage"* des séries géologiques se fait *"par un hasard véritablement providentiel"* et qui permet à Théodore Monod d'avoir *"bon espoir maintenant de remonter la série et de pouvoir fournir une coupe générale de l'Adrar, et peut-être, plus tard, du Tagant"*.

L'énigme stratigraphique est donc résolue, celle de la météorite, en revanche, reste en suspens, faute d'éléments déterminants. A la lettre envoyée de Chinguetti, Gaston Ripert répondra, nous l'avons lu plus haut (voir p. 59-60).

Si Théodore Monod n'obtient toujours pas de renseignements au sujet de la météorite géante de Chinguetti, il note un récit en concernant une autre de forte taille également, dans son journal de route à la date du 1er août :

"Séjour à El Moïnan. Le matin, travaux divers et interrogatoire linguistique d'une prostituée de Tichitt qui sait un peu d'azzer.

"Le capitaine Amilhat, 85, cours Saint-Louis, Bordeaux, me donne un certain nombre de renseignements, il a beaucoup circulé dans l'Adafer. Ruines à Bokarelli, (...) vertèbres de poissons à Aouinet près Ganeb. – Une météorite serait tombée il y a cinq ans au sud de Tamchakett à Nouassar et aurait tué des animaux ; on dit le bloc «gros comme une tente européenne» ; un indigène décrit le sol jonché de pierres rouges, comme la hammiré."*

Fin 1934, le dossier *Météorite de Chinguetti,* sans être définitivement clos, a largement évolué vers une solution négative. Pour la cinquième fois depuis 1924 des recherches, plus ou moins poussées certes mais sur le terrain, parcouru généreusement, ont été effectuées et sont restées infructueuses. Plusieurs fois – sans que l'on puisse préciser s'il s'agit de deux ou trois, voire quatre fois – une récompense a été promise à toute personne pouvant apporter un renseignement intéressant, mais les témoins ne semblent pas s'être bousculés sur le seuil du poste de Chinguetti, et ceux qui ont été interrogés n'ont que l'impossibilité à proposer. L'opinion générale est facile à résumer : le bloc géant si longtemps recherché demeure jusqu'ici introuvable. Il faut admettre que l'on se trouve devant un problème insoluble échappant encore à l'explication raisonnable tant attendue.

6

MAIS L'HISTOIRE CONTINUE

a) LA MISSION POURQUIÉ, 1938

La question, cependant, n'est pas close pour tous. Les astronomes américains, et notamment Charles P. Olivier, président de la commission "Etoiles filantes" de l'UAI, ne cessent de s'intéresser au problème de la météorite de Chinguetti, et tentent de rassembler le maximum d'informations à ce sujet. A son instigation, Daniel Moreau Barringer (le premier à avoir établi l'origine météoritique du Meteor Crater de l'Arizona, dont il devait, d'ailleurs, tenter l'exploitation industrielle), puis, après la mort de celui-ci, un groupe de ses collaborateurs (M. B. Huston, L. B. Norrie et Th. Lindley), tous géologues miniers intéressés par la mise en évidence de cratères météoritiques, tentent également de réunir des informations. Pour de nouvelles recherches sur le terrain, ils font appel à la Société française d'exploration minière qui, en 1938, charge le géologue André Pourquié d'effectuer une campagne.

André Pourquié débute sa mission par un survol de la région, le 5 mai 1938, au cours duquel il tente de repérer les accidents du terrain. Son but est, en particulier, de choisir des points d'où l'observation de la région dans son ensemble serait possible. Il remarque ainsi le relief de Zerga et la pointe d'Aouinet N'Cher ; il découvre également la dépression d'Aouelloul, cratère d'impact qu'il ira ensuite examiner au sol, et qu'il décrira avec Théodore Monod en 1939 (Monod, Pourquié, 1939).

Parti d'Atar vers le sud le soir de ce même jour, à chameau et en compagnie de sept hommes dont cinq montés, il arrive le 8 dans la région de Ferch, Aouinet Berreck et Tifrirt, où il commence à rechercher la météorite. Il atteint Aouelloul le 9, avant de regagner Arouétine. Il étudie la falaise de Zerga en détail dans les journées des 10 et 11 mai, avant de mettre le cap sur les Toumiyat. Il reprend ensuite la route vers l'est pour Chinguetti dont il repart aussitôt (le 14) pour le cap d'Aouinet N'Cher. Il escalade le guelb le 15 au matin, ce qui lui permet de vérifier que, de ce sommet, aucun autre relief important n'apparaît dans la région, en direction de l'ouest. Il regagne ensuite Chinguetti, puis Atar, où il arrive le 17 au soir.

Pour lui, deux hypothèses apparaissent plausibles :

"Ou bien Ripert n'est pas de bonne foi quand il raconte qu'il a vu la météorite. Il n'a fait que répéter le récit d'un Maure, et quand on lui demanda des précisions, il crut s'en tirer par le récit romanesque que rapporte Bigourdan[1].

Ou bien son récit est exact ; mais il n'a fait qu'entrevoir la masse que son guide lui a montrée dans la nuit, et noter les détails qu'il en a reçus.

Dans les deux cas, il faut admettre qu'il a été trompé par son informateur. Mais la seconde hypothèse me paraît plus vraisemblable, surtout si l'on tient compte de la ressemblance de la pointe de

1. Le rapport Pourquié mentionne à plusieurs reprises l'astronome Guillaume Bigourdan, membre de l'Académie des sciences, comme s'étant activement intéressé au problème, et ayant échangé du courrier avec C. P. Olivier. Vérification faite, il semble qu'il ne peut s'agir là que d'une confusion avec l'astronome J. Bosler, liée, probablement, à l'interprétation de documents dans lesquels figurait un astronome "B.", celui-ci ayant été, par erreur, identifié comme G. Bigourdan.

N'Cher, vue sous un certain angle, avec la description de la météorite."

(Détail comique, André Pourquié abandonnera dans le cratère d'impact d'Aouelloul tout proche le cul d'un verre à boire gravé à son nom que Théodore Monod retrouvera plus tard et qu'il restituera à son propriétaire légitime.)

Après ce voyage, le problème de la météorite semble perdre quelque peu de son actualité, malgré l'intérêt que les astronomes, et notamment Jean Bosler, lui porteront jusqu'à la guerre. Ainsi, les réunions de l'UAI de Paris, en 1935, et de Stockholm, en 1938, voteront de nouvelles résolutions insistant sur l'importance de le résoudre. Aucune action concrète ne s'ensuit, à l'exception de trajets effectués dans les dunes situées au sud-est de Chinguetti par plusieurs unités militaires vers 1954-1955, qui ne révèlent aucun fait nouveau.

Pour préparer un historique général de l'affaire qui paraîtra en 1952 (Monod, 1952 ; traduction anglaise de L. F. Brady, 1955), Théodore Monod reprend contact avec Gaston Ripert. Les lettres de ce dernier n'apportent toujours pas d'informations nouvelles ; cependant, interrogé au sujet de la localisation de la météorite, Gaston Ripert remet à nouveau en doute l'orientation sud-ouest indiquée dans la note de A. Lacroix. Théodore Monod conclut sa note historique en insistant sur la nécessité d'appliquer à cette recherche des méthodes plus élaborées, en particulier la magnétométrie aéroportée...

b) LE PROBLÈME REDEVIENT D'ACTUALITÉ

Fallait-il reprendre les recherches, mais cette fois-ci vers le sud-est ? Un projet de cette nature redevient très tentant en 1980, lorsque Jacques Gallouédec adresse à Théodore Monod un rapport concernant la

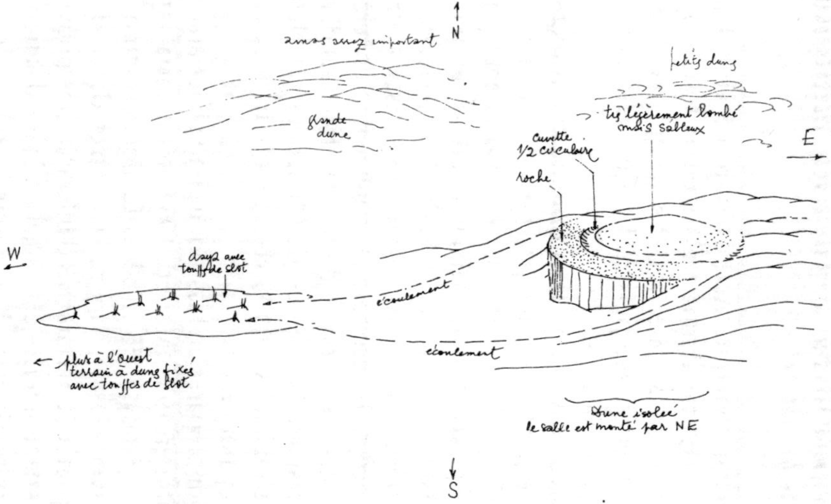

20. Schéma de l'*"accident cratériforme"* décrit par Jacques Gallouédec dans les dunes situées au sud-est de Chinguetti (dessin de B. Lamarche, sur les indications de J. Gallouédec).

découverte dans les dunes du sud-est de Chinguetti, précisément, d'un accident semi-circulaire observé d'avion :

Lettre de J. Gallouédec à Th. Monod (1980) [extrait]

Alors notre objectif ne serait-il pas "autre chose" que j'ai repéré, d'aspect général cratériforme et particulièrement curieux, situé à 46 km, plein sud-est de Chinguetti et juste à proximité de paquets plus ou moins isolés de grandes dunes (hors alignements), ceci à 4 km environ de l'extrémité nord-ouest de la tayaret des Ida Ouali, à l'est d'ayoun* à sbot.*

L'accident est situé au nord-est d'une petite dhaya circulaire, sise donc à son sud-ouest, et tous deux visibles (?) sur la carte au 1/200 000 IGN de la région.*

Coordonnées 12 ° 05' W et 20 ° 10' N (cote 398)
Diamètre approximatif 300 à 400 mètres
Photos n°s 36 et 86 missions 1955 AOF feuille NE 28 XXIV à échelle 1/50 000
Distance à différents points de référence :

- *Chinguetti 46 km (NW)*
- *Aouinet N'Cher 42 km (plein W)*
- *Dakhlet 41 km (W)*
- *Hassi Jraïf 60 km (N)*
- *Hassi Irigui 28 km (NW)*
- *Atouil Chergui 29 km (E)*
- *Aguenjob 129 km (W)*
- *Errouissat 30 km (S)*
- *Kider 8 km (SE)*
- *Toueïzermit 20 km (S)*

L'accès par l'aïn ouest, venant d'Aouinet N'Cher, paraîtrait assez aisé avec un véhicule tout terrain (itinéraire Elateg, Zerga, Dakhlet, par ex.).

S'il ne s'agit pas de la météorite (rapidement observée par Ripert, qui se disait pressé de quitter les lieux : son guide ayant peur), il s'agirait d'un accident d'aspect cratériforme et susceptible de présenter un intérêt scientifique certain.

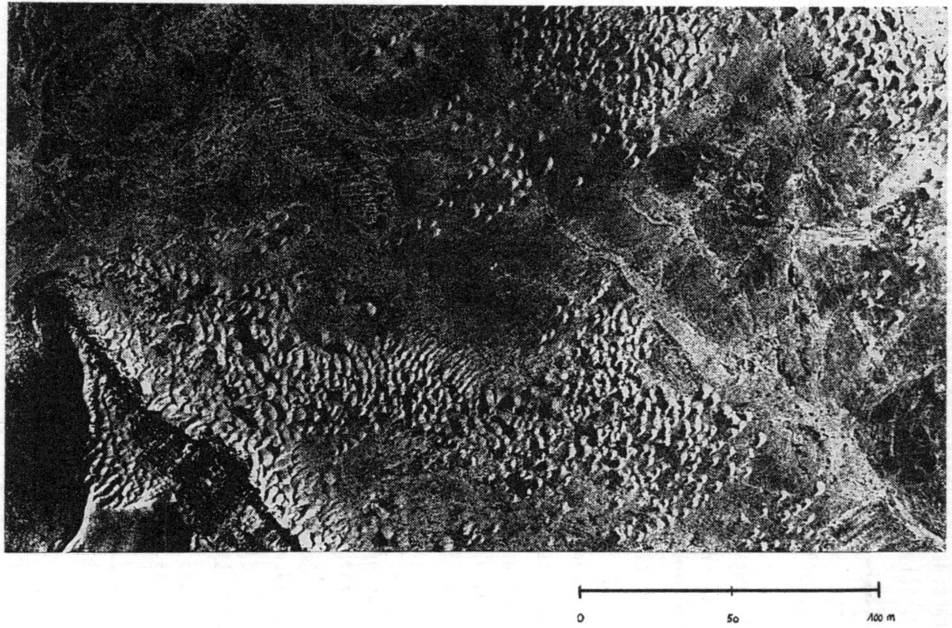

21. Extrait d'une photo aérienne agrandie de la région sud-est de Chinguetti, montrant comme le guelb Aouinet constitue, en réalité, le cap avancé d'un plateau étroit. On notera à la base du guelb la présence du socle appatenant au Grès de Zli, la masse principale appartenant au Grès du Tamga. L'emplacement supposé du puits est indiqué par une étoile, modifiant la carte au 1/200 000. Si l'orientation par rapport au guelb apparaît exacte, la distance, en revanche, demeure légèrement approximative.

Certes, si les blocs isolés mentionnés plus haut et situés dans des dépressions de l'Ouarane apparaissent d'un aspect plus voisin de la description Ripert (assez succincte), notre dernier objectif ne m'apparaît, vu d'avion, plus aussi marqué comme "ayant l'aspect d'une grande dalle noire" à pendage nord-est.

Là aussi, nous avons dépression et silk sableux au sud-ouest avec ensablement amont au nord-est, mais n'est-ce pas le cas de presque tout petit relief saharien ?!*

Ici, l'aspect général, surtout en plan, est très particulier : en gros, un anneau circulaire, cassé en trois endroits (une banquette de cirque), impluvium central argilo-sableux avec trace de sebkhas de ruissellement, donc radiales, passant par les cassures de la banquette et s'écoulant d'abord (suivant le cas) vers le sud ou le nord, pour s'orienter après vers l'ouest /sud-ouest.*

A la verticale, les trois segments de l'anneau sont très distincts, mais il n'est pas impossible que, vu du sol, surtout venant de l'ouest, sinon à même leur surface, l'observateur ne puisse distinguer, surtout s'il est pressé, d'une part l'ensemble et son aspect circulaire (ceci du fait de la dimension globale) et, d'autre part, ne s'aperçoive pas que l'élément situé le plus à l'est, n'étant presque visible qu'en plan (à cause de l'ensablement) et pratiquement pas en relief, appartienne à l'ensemble et n'apparaisse à l'œil non averti que comme un vulgaire reg plat.

N'ayant moi-même pu descendre en vol rasant, à cause de l'appréhension des passagers, je ne me sens pas capable de donner une dimension assez exacte des reliefs les plus remarquables (tronçons nord et ouest de l'anneau). Ils sont plus foncés ("moins ensablés" ou "pas" en surface), noirs d'aspect par rapport aux terrains avoisinants ; la tranche (surtout nord-ouest) semble assez verticale ; il y a là, localement, aspect de petite falaise rectiligne, la courbe en plan n'étant pas, du fait de la masse générale, apparente (l'aspect falaise rectiligne ne peut apparaître que du sol, et surtout vu en contrebas).

Un dessin de cet "accident" parviendra ultérieurement à Th. Monod ; il est reproduit dans ce livre (cf. fig. 20). Notons qu'il fut réalisé par Bruno Lamarche, sur les indications orales fournies par Jacques Gallouédec.

c) REPRISE DES RECHERCHES DE THÉODORE MONOD

Relancé par l'aiguillon que représente cette nouvelle observation, Théodore Monod, qui n'a pas oublié sa quête d'autrefois, décide de la reprendre. Malgré son âge – rappelons qu'il est né en 1902 – il demeure disponible pour un nouvel essai : comme il le dit lui-même, *"une curiosité dévorante l'afflige"* et il ne saurait refuser l'occasion qui s'ouvre à lui de relancer les recherches sur le terrain. Depuis que nous l'avons quitté, Théodore Monod, outre des publications scientifiques, a écrit des livres, certains de réflexions philosophiques et d'autres qui racontent ses mois, ses années passés dans le désert. Il est désormais relativement bien connu, est apparu plusieurs fois dans les journaux, a reçu des prix – dont, en 1967, des mains d'Hailé Sélassié, le prix de la Recherche africaine, prix qui ne peut que combler un homme ayant choisi pour devise *"Un continent par existence"*. On commence aussi à le connaître pour ses engagements catégoriques : soutien à l'Algérie qui réclame son indépendance, non à toute forme de guerre comme à toute cruauté envers l'animal – non à la vivisection, non même à la consommation de la viande.

En 1987, il entreprend donc une nouvelle expédition vers le sud-est de Chinguetti cette fois, en compagnie de son collègue et ami Bruno Lamarche, spécialiste de l'avifaune saharienne. Avant de partir, tous deux ont eu largement le temps de répéter leur périple : un des murs de la maison de Lamarche, à Nouakchott, est en effet "tapissé" de l'assemblage des cartes au 1/200 000 de la Mauritanie. Les chercheurs se rendent à l'endroit indiqué par J. Galloué-dec, sans parvenir à retrouver l'accident signalé par celui-ci. Non, décidément le Sahara n'est pas facile d'accès. Repérer un site de la cabine confortable d'un avion ou l'observer sur une photo prise par satellite ne veut pas dire qu'on le situera sans difficulté au sol, à pied, dans des paysages à perte de vue identiques ou changeant au gré des éclairages ou du vent. A l'occasion de ce voyage, cependant, ils apprendront de la bouche d'une vieille femme nomade l'existence d'un pointement rocheux dans les dunes : les gleïbat "Batraz". Un espoir naît, lié au terme gleïbat, impliquant un site rocheux : celui-ci sera visité ultérieurement. Il apparaîtra alors que le mot "Batraz" n'est que la déformation du mot français "pâturage" et que ce lieu, utilisé comme tel par des unités méharistes, a donc été maintes fois parcouru sans observation particulière, sinon la présence d'herbe, ce qui en ce monde est incontestablement plus important que la présence d'une météorite.

Deux autres expéditions vont suivre, au début de 1988, puis en fin d'année. Notons ici que ces deux voyages furent l'occasion pour le cinéaste Karel Prokop, ami et parent de Théodore Monod, de tourner deux films : *le Vieil Homme et le désert* et *le Vieil Homme, le désert et la météorite* qui très vite, leur diffusion télévisuelle aidant, assureront à Théodore Monod un renom considérable auprès du public, désormais partie prenante d'une histoire mythique *"qui commence à devenir irritante"*, comme le dit le principal intéressé. Dès lors, son nom ne sera plus seulement accolé à celui d'espèces de plantes, de fossiles ou d'animaux identifiés par ses collègues du Muséum national d'Histoire naturelle, mais apparaît sur des programmes de télévision, de rencontres avec des lecteurs, et en grosses lettres sur le portail d'un lycée de Nouakchott.

Au début de 1988, équipés d'un appareil de positionnement par satellite, Théodore Monod et Karel Prokop se rendent donc à l'affleurement des gleïbat Batraz pour en vérifier la nature. Ils tentent ensuite de retrouver une structure semi-circulaire découverte auparavant par Marie-Françoise Courel sur des photos IGN (20° 11' N, 12° 06' W).

Contrairement à son habitude d'autrefois, en raison de l'état déplorable de sa vue, Théodore Monod n'a pas tenu de carnet de route détaillé lors de ces voyages, mais l'image, animée qui plus est, en fait office. Le voilà dans les ruelles poussiéreuses de Chinguetti, le visage émacié mangé par une barbe grise, préférant fixer son regard vers les premières dunes écrasées de soleil plutôt que participer au *"massacre"* d'une chèvre que les trois chameliers, *"bédouins terriblement carnivores"* qui l'accompagneront, dépècent à même le sol. Vêtu d'un pantalon bouffant gris, de sandales et d'une parka serrée à la taille par une courroie, coiffé d'un petit chapeau vert-de-gris et la canne à la main, celui qui officiellement est encore zoologiste mais que géologues, géographes et préhistoriens considèrent aussi comme l'un des leurs, avance dans les dunes interminables d'un pas que l'âge est encore loin d'avoir affecté. Une longue écharpe jaune et mauve flotte dans son dos au gré du vent ou de ses pas glissant dans un sol qui cède sous le pied. Sur le sable demeure une trace bien particulière : deux plaques en creux et un petit cratère. Le chercheur, en dépit de l'âge, demeure très actif : étapes de plusieurs heures par jour, nuits sans confort, nourriture rudimentaire, eau goûteuse des guerbas* ou chauffée dans des bidons arrimés sur les dromadaires, détour de vingt kilomètres pour voir un accident du terrain qui ressemble vaguement à un point d'impact mais n'offre que *"quatre ou cinq cailloux ordinaires"*. Le soir, ou lors des haltes, en chemise claire à carreaux, tête nue offerte aux quelques mouches qui affectionnent son front dégarni, à demi allongé dans l'ombre maigre d'un acacia, il raconte volontiers à celui qui l'accompagne ses longues campagnes d'autrefois, les *"voyages au long cours"* comme il les appelle, méharées qui dépassent six cents kilomètres puisque *"cinq cents kilomètres est à la portée de tout le monde"* ! A croupetons dans le sable, pieds nus, un bonnet de laine enfoncé sur la tête et retourné *"à la phrygienne"*, il est penché sur des crottes de dromadaire, et raconte celles de l'antilope addax qu'il a longtemps étudiées autrefois, glisse au passage une touche d'humour en racontant l'histoire des flacons d'urine d'addax que lui demandait un collègue, flacons trop nombreux qu'il finit de remplir *"d'urine de chrétien desséché"* puis *"d'urine de chrétien revenu à son régime hydrique normal"*. Au fil de ses commentaires, il énonce surtout la grande leçon du désert : *"Le chapitre cardinal de la règle, c'est encore la patience, l'humilité, la soumission au réel : bénéfique exercice pour un orgueilleux primate trop tenté de se prendre pour le centre du monde et le roi de la création."*

De la patience, il lui en faudra, car après des journées passées dans un lieu qui pour le spectateur tranquillement assis devant sa télévision peut paraître idyllique : longues ondulations crème des dunes avec dromadaires en contre-jour, petits feux de camp dans les creux sablonneux de massifs aux roches noires, guides touaregs si joliment typés versant dans les quarts émaillés rouges le léger doux-amer thé à la menthe, après des journées donc passées à chercher une trace de la météorite, l'expédition reviendra sans la moindre découverte sinon celle d'une série de petites buttes-témoins, découpées dans le sédiment lacustre infradunaire, et dont l'ensemble se trouve, curieusement, décrire une sorte de demi-cercle. Mais il ne s'agit là, évidemment, ni d'un impact météoritique, ni de l'accident décrit par Jacques Gallouédec.

A la suite de ces échecs dans les dunes situées au sud-est de Chinguetti, Théodore Monod, pressé par le temps comme lui-même l'avoue, estime nécessaire de revenir aux premières indications fournies par Gaston Ripert, à savoir reprendre les recherches au sud-ouest. Deux excursions effectuées à quelques jours d'intervalle en décembre 1988 (Th. Monod, B. Morlot, J.-C. Bourgeon ; puis Th. Monod, K. Prokop, A. Monod et F. Ferry) vont être lancées dans cette direction. Cette fois encore, pas de carnet de route mais un document filmé de grande qualité, véritable exploit pour le cinéaste Karel Prokop, qui assure seul le transport de son matériel, les prises de vues et de son et sait s'effacer devant un personnage suscitant tant d'intérêt. Avec l'âge est venue la diminution des forces et, beaucoup plus grave, celle de la vue. Des membres de sa famille accompagnent le chercheur et l'aident dans un relief ici beaucoup plus caillouteux, escarpé et difficile, dans lequel les dromadaires renâclent. Quant à la cécité, il faut l'avouer, elle semble sélective, puisque Théodore Monod, cette fois-ci souvent en selle, qui avoue ne plus pouvoir lire le nom des stations de métro dans Paris, n'a aucun mal, à la loupe certes, à étudier des impactites, grès fondus à la suite d'un impact météoritique. Car le but de l'expédition, Théodore Monod ne rêve pas, n'est pas de tomber sur une météorite géante dont la science rend très improbable l'existence, non, *"trouver l'endroit et un spécimen grand comme la main suffirait – ensuite on organisera une expédition internationale, avec d'autres moyens, plus modernes : on ne peut pas demander à un vieil astronome de San Francisco d'apprendre à monter à chameau"*. Mais ces découvertes d'impactites faites au passage dans le cratère d'Aouelloul ne sont malheureusement pas en rapport avec "la météorite de Ripert". Le 24 décembre, assis devant un feu de camp, les intrus au désert lisent l'évangile de Noël, puis chacun se couche à la belle étoile dans le replat sableux qu'auparavant il a dégagé de toute pierre inconfortable. Comme durant la nuit magique de Bethléem les étoiles ponctuent le ciel, il n'en est malheureusement pas une plus brillante qui serait annonciatrice de la découverte tant attendue.

Ce voyage, cependant, ne sera pas un échec, le destin sait sourire à ceux qui ont la patience et l'humilité. Car, après bien des difficultés dues au terrain, au vent de sable, à une erreur faite sur la position d'un puits qui, un temps, fait peser la menace du manque d'eau, à une certaine réticence des chameliers qui iront jusqu'à s'éloigner avec bêtes et bagages de l'équipe sans l'avoir prévenue, les chercheurs vont arriver, après dix jours de marche, le quatrième jour de vent continuel et des étapes quotidiennes de huit heures, au relief rocheux d'une quarantaine de mètres de hauteur, nommé guelb Aouinet ou tarf* Aouinet. Le relief, constitué de grès à structure transverse à la base (Grès de Zli) et de quartzites compacts au-dessus (Grès du Tamga), est situé à proximité de l'endroit indiqué par Ripert. Il s'agit là des roches les plus banales de la région d'Aouinet-Aouelloul et ce relief avait certainement été visité par de nombreux voyageurs, y compris par certains de ceux qui recherchaient la météorite géante. Ni l'un ni l'autre des noms locaux ("Falaise du point d'eau d'Aouinet" ou "Promontoire du point d'eau d'Aouinet") n'ont, il faut le noter, de rapport quelconque avec une météorite, un gisement de fer ou une pierre de Dieu. Par sa situation géographique et ses dimensions, ce cap pouvait cependant faire penser à l'objet visité par Gaston Ripert.

Et, brusquement, tout semble devenir clair : la position géographique est la bonne, ce tarf, ce promontoire, est la pointe d'un long plateau mais, vu de face, ce plateau n'est pas réellement visible et l'observateur se trouve devant un bloc rocheux noir, en apparence autonome, haut d'une quarantaine de mètres. Les voyageurs s'installent au pied, l'escaladent, le parcourent, le photographient. Pour Théodore Monod, la question ne se pose plus, Ripert qu'il a toujours soupçonné d'avoir, sinon affabulé, du moins romancé sa découverte, est venu par ici, a contemplé la roche d'un peu loin, l'a associée au petit bloc météoritique ramassé.

André Pourquié était, on l'a vu, parvenu à la même conclusion dès 1938, mais son rapport, très peu diffusé, devait rester inconnu en France jusqu'en 1991. Par ailleurs, un travail expérimental effectué en 1989 (G. Raisbeck et F. Yiou, en cours de publication) devait prouver que le petit bloc météoritique en notre possession, tombé sur la Terre il y a moins de 300 000 ans, n'avait pu faire partie d'un objet de grande taille. Avant de conclure ce chapitre, il est bon de revenir sur le célèbre petit bloc dont la découverte est à l'origine de l'affaire.

d) LA MÉTÉORITE DE CHINGUETTI

Le petit bloc météoritique trouvé en 1916 par Gaston Ripert et confié par celui-ci à Henry Hubert en 1917 ne parvient pas à Alfred Lacroix avant 1921. Il faut certainement voir là le résultat du contexte international, dans lequel *"tout disparaissait devant le drame qui se jouait en France"*, ainsi que l'exprime Gaston Ripert dans une lettre adressée en 1932 à Jean Bosler.

La masse initiale de ce bloc était voisine de 4,5 kg et il avait la forme d'un parallélépipède aplati. Il est très probable que ce bloc parvint entier à A. Lacroix et que c'est sur son ordre qu'il fut scié afin de pouvoir être étudié. Il s'agit là, en effet, d'une entreprise ardue, nécessitant une pratique et un équipement dont seuls pouvaient disposer des laboratoires comme ceux du Muséum. Le bloc fut débité en trois morceaux parallèlement à la grande surface, de manière à dégager au centre une section d'environ 1 cm d'épaisseur. La première des deux "moitiés" restantes fut intégrée telle quelle à la collection après polissage (cf. fig. 3), et porte le numéro 1291 du catalogue (cf. fig. 6). Sa masse est de 1,402 kg. De la seconde moitié fut prélevé un fragment dont on peut estimer la masse par différence à environ 600 g. Le devenir de ce fragment est peu clair : il est probable que ce fut lui qui servit à réaliser les lames minces et les analyses chimiques nécessaires à l'étude. Il paraît cependant peu vraisemblable qu'une telle masse ait été nécessaire à cet effet et l'on peut se demander si Alfred Lacroix, répondant à une demande formulée par Henry Hubert (lettre en date du 26 mars 1921), n'aurait pas expédié en retour à celui-ci un échantillon de la météorite prélevé sur ce fragment. De cet échantillon, toute trace aurait alors été perdue, car il ne se trouve pas actuellement dans les collections de la direction des mines et de la géologie à Dakar. Il faut cependant mentionner que celles-ci ont été, au moins partiellement, détruites, comme le mentionnent une lettre de Henry Hubert à Alfred Lacroix, datée de 1925 ainsi que le discours nécrologique prononcé par Alfred Lacroix pour Henry Hubert à l'Académie des sciences d'outre-mer. La partie restante de cette seconde "moitié" (cf. fig. 7) fut également intégrée très rapidement à la collection et porte le numéro 1295 (cf. fig. 6). Sa masse est de 1,274 kg. La section, quant à elle, ne fut intégrée à la collection que quelques années plus tard (après 1926, cf. fig. 8), peut-être en raison d'un délai nécessaire au polissage. La masse de cette section, au moment de son entrée dans la collection, était de 1,260 kg. Il n'en reste plus maintenant au Muséum qu'un fragment de 251,85 g, le reste ayant fait l'objet d'échanges avec d'autres collections dans le monde (cf. fig. 9), ainsi qu'il en est l'usage pour toutes les météorites, ou de prélèvements distribués à des fins de recherche.

Cette météorite est constituée d'environ 80 % de fer-nickel (à 4,97 % de Ni) et d'environ 20 % de silicates (Lacroix, 1924). Cette richesse en métal fait qu'elle a été initialement classée comme une météorite de fer contenant des inclusions silicatées (Lacroix, 1924, Hey, 1966). On considère maintenant qu'il s'agit là d'une mésosidérite – c'est-à-dire une brèche résultant du mélange d'un objet de fer avec un objet silicaté à la suite d'une collision – particulièrement riche en fer. Comme dans le cas de la plupart des autres mésosidérites, les minéraux qui composent la fraction silicatée sont essentiellement de l'hypersthène et des plagioclases calciques.

Relativement peu d'études ont été réalisées sur ce petit bloc. La plus significative en ce qui concerne le mystère de Chinguetti est celle de G. Raisbeck et F. Yiou en 1989. Elle n'a pas fait à ce jour l'objet d'une publication. Ces deux chercheurs ont analysé le ^{10}Be produit dans cette météorite par le rayonnement cosmique galactique. Pour comprendre la signification de leur travail, il faut savoir qu'après la collision qui provoque son éjection hors du corps rocheux au sein duquel elle s'est formée (il s'agit le plus souvent d'un astéroïde), toute météorite est irradiée par les particules de haute énergie qui se propagent dans la cavité solaire et constituent les rayonnements cosmiques. Cette irradiation dure tout au long du trajet interplanétaire de la météorite, c'est-à-dire jusqu'à son arrivée sur la Terre dont l'atmosphère constitue un écran pour les particules cosmiques. La durée de ce trajet est ce que l'on appelle l'"âge d'exposition" de la météorite. Les particules de haute énergie interagissent avec la matière météoritique et y induisent des réactions nucléaires. Un grand nombre de noyaux atomiques stables ou radioactifs sont produits dans ces réactions : les noyaux cosmogéniques. Lorsque ces noyaux ne préexistent pas dans la matière irradiée (c'est le cas pour les isotopes des gaz rares, notamment), la mesure de leur abondance permet d'évaluer l'âge d'exposition. L'abondance des noyaux radioactifs dont la demi-vie[1] est courte par comparaison à l'âge d'exposition ne permet plus d'évaluer cet âge : elle reste constante, en "équilibre séculaire", c'est-à-dire que le taux de production de ces noyaux est égal à leur taux de destruction par désintégration radioactive.

1. On désigne ainsi le temps au bout duquel l'abondance d'un noyau radioactif diminue d'un facteur 2 par désintégration de celui-ci.

L'abondance du noyau radioactif de courte période permet alors d'évaluer les conditions géométriques dans lesquelles a été irradié un échantillon météoritique donné. En effet, une météorite peut être fragmentée ou partiellement – voire totalement – détruite lorsqu'elle traverse l'atmosphère terrestre. On ne peut donc avoir, lorsque l'on en récupère un fragment, aucune idée *a priori* sur la taille initiale de l'objet irradié, c'est-à-dire avant son impact avec l'atmosphère. Seules les abondances des noyaux cosmogéniques peuvent permettre d'évaluer cette taille et de reconstituer la position d'un échantillon dans l'objet. Ces noyaux sont d'autant plus produits dans un échantillon que celui-ci se trouve au voisinage de la surface de l'objet initial, c'est-à-dire celui qui a été irradié dans l'espace interplanétaire. La mesure de l'abondance d'un noyau cosmogénique de courte période dans un échantillon permet donc d'estimer la profondeur à laquelle se trouvait cet échantillon lors de l'irradiation. L'abondance de ^{10}Be mesurée dans le petit bloc de Chinguetti est tellement élevée qu'il faut admettre que celui-ci se trouvait au voisinage de la surface de tous les côtés à la fois, c'est-à-dire que l'objet irradié dans l'espace était petit, le bloc retrouvé en constituant la fraction principale. Cette information est capitale, car elle signifie que le bloc retrouvé près de Chinguetti ne peut en aucun cas être un fragment détaché d'un objet beaucoup plus gros lors de la traversée de l'atmosphère ou de l'impact avec la Terre. Un objet de la taille de la falaise décrite par Gaston Ripert ne pourrait qu'avoir une origine différente de celle de ce bloc, c'est-à-dire provenir d'une chute distincte ou être un objet terrestre… L'existence de ce petit bloc, d'origine météoritique certaine, ne peut donc en aucun cas être un indice permettant de conclure à la présence possible en ce même lieu d'une météorite géante et de confirmer les observations de Gaston Ripert.

Compte tenu de ces observations, ne pouvait-on enfin envisager une solution raisonnable au problème de la météorite géante de Chinguetti ? Le 12 juin 1989, Théodore Monod présentait à l'Académie des sciences une note que nous reproduisons ici :

e) "DONNÉES NOUVELLES SUR LE PROBLÈME DE LA MÉTÉORITE GÉANTE DE CHINGUETTI, ADRAR (MAURITANIE)"

(Th. Monod, C.R. Acad. Sci., Paris, t. 309, série II, p. 547-552, 1989[1]*)*

Résumé : l'existence d'une météorite géante dans l'Adrar de Mauritanie, largement acceptée depuis 1924, doit désormais être abandonnée. Il s'agissait d'une erreur sur la nature de la roche d'un relief de 40 m de haut, entièrement sédimentaire et nullement métallique.

New data on the problem of the Chinguetti giant meteorite (Adrar, Mauritania)

Abstract : The existence of a giant meteorite in the Adrar (Mauritania) largely accepted since 1924, must henceforth be abandoned. An error was made on the identification of the rock of a 40 m hill, that is entirely sedimentary with no trace of metal.

La description par Lacroix en 1924 d'un petit bloc de mésosidérite trouvé en 1916 dans l'Adrar de Mauritanie par le capitaine Gaston Ripert (1881-1957) avait ouvert une longue période de recherche et d'incertitudes car G. Ripert avait annoncé l'existence, à côté du petit bloc de 4,5 kg (coll. Paris n° 1291), d'une masse métallique gigantesque de 40 m de hauteur et de 100 m de large.

1. Les références bibliographiques ont été reportées dans la bibliographie générale de l'ouvrage, et la correspondance pour les figures est la suivante : fig. 1 = fig. 13, fig. 2 = fig. 22, fig. 3 = fig. 23, fig. 4 = fig. 24.

De nombreuses recherches sur le terrain devaient demeurer vaines pendant bien des années. Il devait en être de même des enquêtes auprès de la population (des forgerons en particulier), par exemple celle que j'ai effectuée à Chinguetti en 1934 .

En 1975 Fudali et Chapman invoquaient encore l'exemple de la météorite "légendaire" de Chinguetti en faveur de la possibilité pour un bolide de forte taille d'atteindre la surface terrestre sans pour autant y produire de cratère.

Après s'être orientées vers le sud-ouest de Chinguetti, conformément aux premières indications fournies par G. Ripert, les recherches se sont dirigées vers le sud-est, dans les dunes de Mghallig, à la suite de nouvelles indications de G. Ripert données le 19 novembre 1932 à J. Bosler, directeur de l'observatoire de Marseille. D'ailleurs, dans cette même région, J. Gallouédec m'avait remis en 1985 un rapport, daté de 1980, décrivant dans ces dunes un accident circulaire dont la nature méritait de se voir précisée. Deux expéditions successives en 1987 et 1988 ne devaient cependant apporter aucun résultat touchant la météorite recherchée.

Il était donc devenu nécessaire de reprendre à zéro l'ensemble du problème, à partir des premières indications, si sommaires soient-elles, fournies par G. Ripert qui situait la météorite géante à 45 km au SW de Chinguetti et à l'ouest des puits d'Aouinet N'Cher.

On se souvient que G. Ripert attribuait une hauteur de 40 m à sa météorite. Une double visite de la région d'Aouinet, les 9 et 27 décembre 1988, a révélé qu'il existe bien à 35 km à vol d'oiseau au SSW de Chinguetti et au SW des puits une butte d'une quarantaine de mètres de haut, seul relief atteignant cette altitude aux environs des puits ("guelb Aouinet" : 20° 10' 30" N -12° 28' 24" W). Cette butte se compose exclusivement de roches sédimentaires avec un socle de grès à structure transverse patiné en noir profond (grès de Zli) et une partie principale en quartzites (grès du Tamga). Manifestement, G. Ripert, en indiquant les

22. Le guelb Aouinet vu de face (du nord-ouest). (Photo B. Zanda.)

23. Aspect de la partie supérieure du guelb Aouinet (grès du Tamga). (Photo : K. Prokop.)

dimensions de sa météorite, a tout simplement confondu avec une roche métallique le relief sédimentaire. D'où la conclusion évidente que la météorite géante recherchée depuis si longtemps n'existe pas.

24. Fragment de minerai de fer (cuirasse pisolithique) trouvé au pied du guelb Aouinet. (Photo : K. Prokop.)

D'ailleurs, des relevés gravimétriques effectués dans la région n'ont pas révélé d'anomalies, ce qui constitue un argument supplémentaire.

Plusieurs problèmes cependant se posent encore.

Il faut d'abord expliquer pourquoi G. Ripert a été conduit de Chinguetti à Aouinet : ce n'était certainement pas pour aller recueillir le petit bloc dont la découverte n'a pu être que purement fortuite.

L'explication qui se présente à l'esprit pourrait être la suivante, appuyée à la fois par la découverte récente, à la base de la butte, de fragments de minerai de fer (cuirasse de latérite pisolithique) et par les allusions de G. Ripert à l'activité des forgerons : peut-être a-t-on voulu montrer à G. Ripert, en le menant à Aouinet, soit des traces d'exploitation métallurgique ancienne (bases de fourneaux, tuyères, scories ou laitiers), soit des fragments de minerai provenant d'un gisement voisin.

De nouvelles investigations autour d'Aouinet seront donc encore nécessaires pour rechercher les signes archéologiques d'une activité minière.

Un second problème reste à éclaircir : celui de la roche hérissée de pointes malléables, décrites par G. Ripert et considérées par lui comme appartenant également à la météorite (lettre à J. Bosler en date du 16 octobre 1932).

Est-il bien certain, après tout, que la roche hérissée d'aspérités ait bien été un élément naturel et non le produit artificiel d'une métallurgie locale ?

On a pu penser, étant donné la proximité du cratère d'impact d'Aouelloul (à une vingtaine de kilomètres), que ce dernier et le petit bloc météoritique pouvaient avoir une relation génétique au cas où un corps d'origine extraterrestre se serait fragmenté lors de la traversée de l'atmosphère.

Les âges respectifs de ces deux éléments contredisent toutefois semblable conclusion. En effet, le cratère d'Aouelloul a été daté à environ 3,2 millions d'années aussi bien par la méthode des traces de fission que par K-Ar, tandis que le petit bloc météoritique d'Aouinet possède un âge terrestre $\leq 3.10^5$ *ans (G. Raisbeck et F. Yiou, communication orale janvier 1989).*

Est-on bien sûr d'autre part que le petit bloc ait été trouvé au point même de sa chute ? N'aurait-il pas été déplacé par les forgerons d'autrefois avant d'être recueilli par G. Ripert ?

En résumé, on peut admettre désormais que le mystère de la météorite de Chinguetti a sans doute trouvé sa solution.

Il n'était né que de la confusion commise par G. Ripert entre une prétendue masse métallique géante et une butte constituée de roches sédimentaires banales.

Le fait semble d'autant plus important que beaucoup d'auteurs continuent à mentionner l'existence, dans l'Adrar, d'une météorite de très grande taille.

Je tiens à remercier M. P. Pellas d'avoir bien voulu relire et critiquer le texte de cette note. M. G. Raisbeck et Mme F. Yiou ont droit, eux aussi, à toute ma reconnaissance.

Note remise le 24 avril 1989, acceptée après révision le 13 juin 1989.

Ainsi, désolé de présenter à ses collègues la solution par la négative et non de leur rapporter quelques échantillons conformes au mythe, Théodore Monod propose une solution au problème : *"Je crois que ce site reprend de façon aussi exacte que possible la description donnée par Ripert, cette montagne n'est pas la météorite mais le site Ripert."* Et le président de séance de conclure, non sans une certaine touche de nostalgie et d'envie à la fois :

"Je vous remercie, monsieur Monod, de nous avoir raconté de manière si vivante la quête du Graal qui n'est donc pas un vase mais une météorite, et je ne peux pas faire moins que de vous dire que nous admirons votre activité et que nous vous souhaitons le plus grand succès dans la prochaine expédition que vous allez entreprendre."

En octobre 1989, une nouvelle mission, organisée par le Muséum national d'Histoire naturelle (Th. Monod, P. Pellas, C. Perron, accompagnés de P. Fontes de l'université Paris-XI, et de Ch. Koeberl, de l'université de Vienne), s'efforce sans succès de confirmer cette hypothèse en recherchant de nouveaux fragments de la météorite découverte par G. Ripert. Cette excursion permet, cependant, de vérifier l'existence d'affleurements de minerai de fer (cuirasse latéritique) aux environs sud du guelb.

Au cours d'un "voyage nature" organisé dans l'Adrar par la fondation Ushuaïa, Th. Monod, accompagné cette fois par B. Zanda, eut l'occasion à nouveau de se rendre au guelb Aouinet (en décembre 1991) sans qu'aucun fait nouveau ait pu être constaté.

7

"CETTE MÉTÉORITE QUI A FAIT COULER TANT D'ENCRE…" : CONCLUSION

Le mystère de la météorite géante de Chinguetti résulte en partie de l'absence de sources écrites d'origine, et notamment du compte rendu que Gaston Ripert signale avoir lui-même rédigé sur son excursion. La transmission – parfois orale – de l'information a pu être à l'origine de petites inexactitudes qui, s'accumulant, auraient fini par transformer celle-ci. Ainsi, les renseignements considérés comme les plus sûrs (parce que les plus anciens) dont nous disposions, et qui sont ceux publiés par Alfred Lacroix en 1924, comportent déjà des incertitudes et des incohérences :

– Absence de date concernant la découverte du petit bloc. Dans le *Bulletin du Muséum* (1927), Alfred Lacroix indique 1920, date qui ne saurait être exacte, Gaston Ripert n'ayant séjourné à Chinguetti que de mars à septembre 1916 et de janvier à mai 1917. On a vu, par ailleurs (p. 29), que dans une lettre adressée au commandant du cercle de l'Adrar par le lieutenant gouverneur de la Mauritanie et inspirée par Alfred Lacroix, la date mentionnée était 1918.

– Localisation de la découverte : Alfred Lacroix parle de dunes couvertes de "sba", situées à 45 km au sud-ouest de Chinguetti, et à l'ouest d'Aouinet N'Cher. Cette région est plus ou moins ensablée, mais ne comporte pas de dunes véritables telles que celles qui se développent plus à l'est. Cette imprécision est peut-être à l'origine des incertitudes ultérieures concernant la direction (sud-ouest ou sud-est) suivie par l'expédition. Par ailleurs, l'endroit exact où le petit bloc a été trouvé par rapport à la falaise n'est pas non plus précisé.

– Nature des "aiguilles" métalliques malléables que A. Lacroix décrit comme hérissant le sommet de la masse principale, tandis que Gaston Ripert, dans une lettre écrite ultérieurement à Jean Bosler et lors de la visite qu'il fit à celui-ci, ne parlera, lui, que d'"aiguilles métalliques assez épaisses" découpées sur une arête et qu'il n'aurait réussi ni à dégager ni à enlever, mais qui auraient, après avoir été frappées avec le petit bloc, présenté les mêmes martelures que ce dernier.

Incertitudes... Incohérences... Il en va de même pour la plupart des informations que nous avons rassemblées. En fait, un petit nombre de questions clés se posent, et peuvent servir de crible pour un examen critique des témoignages. Dans l'impossibilité où nous nous trouvons de répondre de façon univoque à chacune de ces questions, force nous est de considérer pour chacune d'entre elles plusieurs réponses possibles, que nous avons tenté de classer par degré décroissant de vraisemblance. A la lumière de cette démarche, plusieurs scénarios sont envisageables. Nous en développerons deux, assez semblables dans leurs prémisses, mais bien différents dans leurs conclusions...

Les questions :

1. G. Ripert a-t-il réellement découvert lui-même le petit bloc météoritique ?

a) Oui.

b) Non. Il est entré en possession de cet objet dans des conditions mystérieuses qu'il n'a pas voulu dévoiler (en raison d'un serment par exemple).

c) Non. Il y a eu substitution ultérieure d'objets, celui que G. Ripert a remis à H. Hubert n'est pas celui que A. Lacroix a par la suite étudié sous le nom de météorite de Chinguetti.

2. Dans quel contexte le petit bloc a-t-il été ramassé ?

a) Au sommet ou au voisinage d'une falaise, ainsi que G. Ripert l'a raconté.
b) Dans un environnement totalement différent : G. Ripert a voulu celer l'information, ou ne connaissait pas lui-même la vérité.
c) Dans un environnement totalement différent : G. Ripert, ayant l'habitude d'effectuer des "excursions géologiques", a confondu cette excursion avec une autre ou a mélangé des échantillons ramassés en divers lieux.

3. Pour quelle raison G. Ripert s'est-il rendu à la "météorite" ?

a) Il a voulu voir une "pierre tombée du ciel" dont une conversation entre chameliers lui avait révélé l'existence.
b) Il s'agissait là d'un "crochet touristique" sur l'itinéraire d'une tournée administrative.
c) Il a voulu visiter un gisement potentiel de minerai de fer, connu des forgerons de la région.

4. Pour quelle(s) raison(s) G. Ripert s'est-il intéressé à cet objet et l'a-t-il conservé ?

a) Par "curiosité scientifique" : habitué à ce type d'excursions, il ramassait parfois des échantillons. Il avait peut-être même reconnu qu'il s'agissait là d'une météorite.
b) Il s'agissait là d'un souvenir de voyage intéressant, une conversation entre chameliers qu'il avait

entendue parlait d'un objet mystérieux, voire précieux…

c) Il s'agissait là d'un objet énigmatique qu'on lui avait apporté.

5. G. Ripert aurait-il pu confondre un relief gréseux avec un objet de nature métallique ?

a) Non. Militaire, géologue et bon observateur, il n'aurait – ainsi qu'il l'a affirmé par la suite (cf. sa lettre du 16 octobre 1932) – pu se tromper, pas plus que sur la taille du bloc, l'estimation des hauteurs faisait partie du bagage normal d'un officier.

b) Oui. La "patine du désert" qui recouvre le plus souvent les grès colore ceux-ci en noir et leur confère un aspect luisant que l'on peut confondre avec celui de laves ou d'un objet de nature métallique.

c) Oui. Sa visite sur place a été très brève, et les conditions d'observation ont été mauvaises (par exemple avant le lever du soleil, ou de très loin).

6. Quelle est l'identité du guide qui a accompagné G. Ripert à la "météorite" ?

a) Il s'agit de Sidi Ahmed Ould Zeïn, chef des Ida Ouali de Chinguetti.

b) Il s'agit d'un inconnu, peut-être un dénommé Sid Ahmed Ould Zeid.

c) Il n'y a pas eu de guide, par exemple parce que G. Ripert n'est pas allé jusqu'à la "météorite".

7. Quelles sont les causes de la mort de Sidi Ahmed Ould Zeïn (janvier 1917) ?

a) Il s'agit d'une mort naturelle : Sidi Ahmed était déjà fort âgé en 1917.

b) Sidi Ahmed a été empoisonné pour avoir emmené G. Ripert sur un site "interdit".

c) Sidi Ahmed a été empoisonné pour des raisons totalement indépendantes de l'affaire qui nous intéresse.

8. Quel a été le trajet suivi par l'expédition qui a découvert la "météorite" ?

a) L'expédition a parcouru environ 45 kilomètres en direction du sud-ouest. Ce trajet a duré une dizaine d'heures et s'est terminé à un point situé à l'ouest des puits d'Aouinet N'Cher.

b) Il y a eu erreur de "transcription" sur la direction. L'expédition s'est en réalité dirigée vers le sud-est. Le trajet a duré une dizaine d'heures.

c) La direction et/ou la distance parcourue ne sont pas bien connues à l'heure actuelle : elles ont été mal évaluées par G. Ripert ou mal transmises ultérieurement.

9. Que signifie l'observation de G. Ripert qui a décrit des *"aiguilles métalliques assez épaisses"* qu'il n'aurait pu *"ni dégager ni enlever"* et que A. Lacroix (1924) qualifie de *"malléables"* ?

a) Il s'agit là d'une observation entièrement nouvelle que l'on ne saurait expliquer à l'heure actuelle : il faudrait pouvoir retrouver et examiner l'objet décrit par G. Ripert pour comprendre. Notons, de surcroît, que la dimension de ces aiguilles n'a jamais été précisée.

b) Il s'agit là de figures dégagées par l'érosion dans une roche terrestre, analogues à celles que peuvent présenter certains calcaires.

c) C'est là *"le résultat d'une imagination surchauffée par le soleil saharien"*, ainsi que le suggère

J. Malavoy dans une lettre à Th. Monod (26 janvier 1934).

10. Que s'est-il passé entre 1916 et 1924 ?

a) Les renseignements fournis par G. Ripert à H. Hubert ont été transmis avec exactitude par celui-ci à A. Lacroix, en même temps que le petit bloc (en 1921, semble-t-il).

b) Des erreurs ont été commises dans la retranscription d'informations manuscrites ou orales.

c) H. Hubert a conservé l'échantillon qui lui avait été remis par G. Ripert en 1917. Ce n'est que quelques années plus tard – après la fin de la guerre – qu'il a voulu l'adresser à A. Lacroix. Il s'est trompé et a expédié un échantillon différent de celui que lui avait remis G. Ripert : c'est le petit bloc dont nous disposons à l'heure actuelle.

LES SCÉNARIOS

I. – En 1916, le capitaine G. Ripert, résident de Chinguetti, surprend une conversation entre deux chameliers faisant allusion à une "pierre tombée du ciel", située dans la région et servant de matériau de base aux forgerons. Amateur de curiosités et titulaire d'une licence ès sciences naturelles, il décide de se rendre sur place afin d'observer cet objet. Il parvient à s'y faire accompagner par le chef du village, Sidi Ahmed Ould Zeïn, malgré les réticences de celui-ci, et à la condition expresse de ne pas emporter d'instruments d'orientation et de garder un secret total autour de cette expédition. Sidi Ahmed paiera de sa vie cette indiscrétion et mourra empoisonné très peu de temps après. Parvenu au but de l'excursion, G. Ripert découvre une falaise métallique géante, à proximité de laquelle il ramasse un échantillon de même nature. Ses observations ne pourront être que succinctes car il ne séjourne que très peu de temps sur place, son guide ayant grande hâte d'abandonner les lieux. Bon observateur, il a cependant le temps de noter les dimensions visibles de l'objet et de remarquer des pointes faisant saillie sur l'une de ses arêtes. Afin d'en vérifier la nature, il tentera de prélever l'une d'entre elles à l'aide du petit bloc, mais ses efforts resteront sans succès. Quittant la Mauritanie quelques mois plus tard, il remet l'échantillon recueilli à son camarade H. Hubert à Dakar. Les informations qu'il lui fournit quant à la localisation de l'objet sont très imprécises, compte tenu des conditions dans lesquelles s'était déroulée l'excursion. Ces informations seront, ainsi que le petit bloc, expédiées quelques années plus tard par H. Hubert à A. Lacroix, professeur de minéralogie au Muséum d'Histoire naturelle à Paris. Celui-ci examine le petit bloc et confirme qu'il s'agit là d'une météorite. La falaise de même nature constituerait donc "de beaucoup la plus énorme des météorites connues" ainsi qu'il l'écrit à la fin de sa note publiée en 1924 aux *Comptes rendus de l'Académie des sciences.*

De nombreux arguments s'élèvent malheureusement à l'encontre de ce scénario :

a) Il paraît extrêmement improbable qu'un tel objet ait pu survivre à sa traversée de l'atmosphère et n'ait pas été totalement volatilisé. Il faut admettre qu'il ait eu un angle d'incidence très faible (voir Fudali et Chapman, 1975). Le cratère fabriqué par cet objet aurait, de surcroît, été absolument gigantesque.

b) Les mesures de concentration en ^{10}Be portant sur le petit bloc montrent sans équivoque que celui-ci n'a pu appartenir à un objet de grande taille lors de son trajet dans l'espace interplanétaire (voir p. 97). Il faut donc admettre que par un hasard incroyable, deux météorites de même type se sont trouvées juxtaposées en un même lieu. On sait, cependant, que de tels hasards extraordinaires peuvent se produire : c'est ainsi que l'on a retrouvé à Aouelloul une petite météorite (dite météorite de Zerga) dont la date de chute ne correspond absolument pas à l'âge du cratère. Il est peut-être possible d'expliquer une telle coïncidence par une intervention humaine.

c) Un objet de la taille de celui décrit par G. Ripert ne saurait passer inaperçu dans le paysage. Celui-ci aurait dû être retrouvé dans cette région qui a été explorée en tous sens. Il n'existe pas, par ailleurs, d'anomalie magnétique ou de gravité dans la région, et les photos de satellite n'ont rien révélé.

d) La thèse de l'ensablement, émise dès le début et invoquée par tous ceux qui veulent croire à l'existence de la météorite, apparaît comme extrêmement improbable compte tenu des lieux et de la masse considérable qui devrait être ensevelie.

II. – En 1916, le capitaine G. Ripert, résident de Chinguetti, surprend une conversation entre deux chameliers, faisant allusion à une "pierre tombée du ciel", située dans la région et servant de matériau de base aux forgerons. Amateur de curiosités et titulaire d'une licence ès sciences naturelles, il décide de se rendre sur place afin d'observer cet objet. Il a beaucoup de mal à convaincre le chef du village, Sidi Ahmed Ould Zeïn, de le conduire sur place. Celui-ci, fort âgé, ne se déplace que très rarement hors du village. Il ne survivra d'ailleurs pas longtemps après cette excursion et mourra en janvier 1917. La falaise au pied de laquelle il mène G. Ripert n'est autre que le guelb d'Aouinet N'Cher. A cet endroit se trouvent des morceaux de cuirasse latéritique provenant d'un gisement situé un peu plus au sud-est dans la région, et dont les forgerons savent qu'ils peuvent servir à la fabrication de fer. G. Ripert sélectionne un échantillon qui lui paraît particulièrement dense et remarquable. Son guide ayant hâte d'en finir, il ne peut se livrer qu'à des observations succinctes, et c'est pour cette raison qu'il n'identifie pas l'endroit où il se trouve ni la nature réelle de la falaise. Il note cependant des pointes faisant saillie sur l'une de ses arêtes, mais ne réussit pas à prélever l'une de celles-ci. Quittant la Mauritanie quelques mois plus tard, lors de son passage à Dakar, il remet l'échantillon recueilli à son camarade H. Hubert en lui précisant, à défaut de la localisation exacte, la distance parcourue (45 km) et la direction (sud-ouest) depuis Chinguetti. Ces informations seront, quelques années plus tard, transmises au professeur A. Lacroix du Muséum d'Histoire naturelle à Paris, en même temps que l'échantillon. L'examen de ce dernier révèle qu'il s'agit là d'une météorite, ce qui aurait impliqué que la falaise décrite par G. Ripert, si elle avait été de même nature qu'elle, en eût également été une.

Mais ce scénario comporte lui aussi des invraisemblances...

a) G. Ripert, militaire entraîné, était également titulaire d'une licence ès sciences naturelles : il avait, par conséquent, l'habitude des observations sur le terrain. Il était même probablement coutumier de ce type d'expéditions, ainsi que des échantillons prélevés ultérieurement par ses soins et parvenus au Muséum l'ont montré. Il nous faut cependant admettre que celui-ci a pu confondre une falaise de grès, comme il en existe tant dans la région, avec un objet de nature métallique alors même qu'il disposait d'un échantillon pour comparaison avec le petit bloc. On peut de plus noter que l'échantillon sélectionné par ses soins s'avère être précisément de nature météoritique, ce qu'il est difficile d'imputer au hasard.

b) G. Ripert ayant probablement beaucoup circulé dans la région, il paraît peu vraisemblable qu'il n'ait pu identifier le guelb d'Aouinet N'Cher qui y est pourtant l'un des reliefs marquants. Il faut également admettre qu'il n'ait pas su noter que cette falaise était en réalité le cap d'une très longue arête.

c) Aucune observation à ce jour n'a permis d'identifier les objets décrits par G. Ripert comme des aiguilles métalliques en saillie sur l'une des arêtes de la falaise.

La météorite géante de Chinguetti existe-t-elle ?

Ces deux scénarios dont les conclusions sont radicalement opposées sont ceux qui nous paraissent les plus vraisemblables dans chaque cas. Aucun d'entre eux ne peut nous sembler totalement satisfaisant, car chacun comporte son lot d'incertitudes, voire d'incohérences. Nous ne saurions toutefois les tenir pour équivalents : les contre-arguments scientifiques qui affectent le premier paraissent difficilement réfutables, tandis que la méprise qu'il nous faut admettre dans le cas du second, malgré son apparente invraisemblance, peut peut-être trouver des explications. Il faut, en effet, se rappeler les mauvaises conditions dans lesquelles ont probablement été effectuées les observations de G. Ripert, ainsi que la difficulté (bien connue des géologues) que peut parfois présenter l'identification à distance de certaines roches. Ainsi, ce n'est pas la cohérence interne de l'un ou l'autre scénario qui peut nous permettre de trancher, mais plutôt le poids relatif des contre-arguments afférents à chacun. Ceux-ci apparaissent incontournables dans le cas du premier scénario et font du second, aboutissant à réfuter l'existence de la météorite géante, le plus vraisemblable. Le doute reste cependant encore permis, la seule certitude véritable à l'heure actuelle étant que la météorite géante, si elle existe, ne saurait se trouver à l'endroit que A. Lacroix (1924) transcrit comme ayant été celui indiqué par G. Ripert…

8

ÉPILOGUE

Me voici enfin parvenu au sommet du guelb Aouinet. L'ascension de cet énorme rocher de grès et de quartzites a pu se révéler laborieuse : dans ce chaos de blocs empilés, il a fallu bien souvent se cramponner au rocher avec ses mains. A quarante mètres au-dessus de la plaine qui s'étend dans tous les sens à perte de vue, les chameaux semblent devenus des jouets d'enfants et le camp, dans le calme du soir, n'est plus signalé que par un filet de fumée bleuâtre.

De cet étonnant balcon, de ce prodigieux belvédère, je me découvre à la frontière de deux mondes : à l'ouest, c'est l'immense plateau de l'Adrar, noirci jusqu'à l'horizon par la patine de ses grès ; vers l'est, au contraire, après un somptueux troupeau de dunes en croissant que l'alizé chasse devant lui, voici, plus loin, le bord d'une des plus grandes masses de sable existant au monde, car la dune qui commence ici ne se terminera que mille kilomètres plus loin, par delà le gigantesque *no man's land* de la Majabat al Kubra, sans un arbre, sans un caillou, qu'il m'a fallu une fois trois semaines, et, plus tard, m'étant quelque peu égaré, vingt-sept jours, pour traverser à pied et à chameau.

Le site que je viens d'atteindre, perché en plein ciel au-dessus d'un désert où la nuit s'apprête à descendre dans une féerie de petits nuages roses, m'incite à une courte réflexion sur le récit faisant l'objet des pages qui précèdent. La singulière histoire que nous venons de raconter n'a-t-elle pas de quoi, en effet, réveiller à la fois notre soif de connaître et l'émotion qui nous gagne devant les grandes énigmes de l'Univers ? Le mystère suscité en 1916 par la découverte, ici même peut-être, d'un petit bloc météoritique présentait certes déjà un indéniable intérêt, mais la description par Gaston Ripert d'un aérolithe de taille gigantesque : quarante mètres de haut, la taille de deux immeubles superposés, alors que la plus grosse météorite actuellement connue – celle de Hoba, en Namibie – se contente d'une modeste longueur de deux mètres, allait devoir confronter les scientifiques à un problème tout nouveau, avec un mystère de dimensions, cette fois, littéralement colossales. On comprend, dès lors, que pendant plus de cinquante ans, les astronomes aux prises avec un problème d'un tel calibre en aient vigoureusement recherché la seule solution possible, c'est-à-dire la découverte de la prodigieuse masse imaginée. Sans succès, d'ailleurs, puisque les nombreuses recherches entreprises sur le terrain devaient demeurer infructueuses. Mais faut-il jamais abandonner tout espoir ? Et n'est-il pas bon, d'ailleurs, que la part de rêve qui sommeille en nous persiste dans son refus de céder à l'évidence ?

La nuit est maintenant descendue sur le désert, et la rouge fleur d'un feu s'est allumée au pied de notre montagne de blocs et d'éboulis. Le temps a fraîchi, le vent s'est levé. Par une longue coulée de sable plaquée contre le relief, je vais, en quelques enjambées, être de retour dans la plaine où la conversation de mes compagnons viendra évoquer, j'en suis certain, d'autres mystères, d'autres problèmes, d'autres projets de recherche inlassablement ouverts au besoin de l'homme de découvrir et de comprendre.

Th. M.

NOTE DESTINÉE AUX VOYAGEURS (cf. fig. 1)

Certains seront sans doute tentés de revivre sur place l'étonnante histoire racontée dans cet ouvrage. L'accès de Chinguetti est aujourd'hui facile par Atar (hôtel). De la vieille cité médiévale, on visitera aisément la bordure des dunes des Mghallig, et l'on atteindra sans peine, au sud-ouest, le massif de Zerga et les puits d'Aouinet N'Cher, à proximité du guelb Aouinet, lieu présumé de la découverte de la petite météorite, comme de la confusion paraissant concerner la grande. D'Aouinet on doit évidemment visiter le petit cratère d'impact météoritique d'Aouelloul, à une vingtaine de kilomètres au nord-ouest. On peut d'ailleurs, également, une fois parvenu sur le plateau de Chinguetti, au sommet de l'une des deux passes d'accès, emprunter la piste se dirigeant vers le sud et le Tagant : elle vous mènera directement sur le cratère d'Aouelloul à l'intérieur duquel il est possible de pénétrer en voiture et de camper.

L'Adrar comprend, bien entendu, un grand nombre de curiosités naturelles ou historiques : il ne pouvait être question ici que des sites météoritiques.

BIBLIOGRAPHIE ET SOURCES MANUSCRITES

1. PUBLICATIONS

BOSCHKE, F.L., *Erde von Anderen Sternen – Der Flug der Meteorite*, Econ Verlag, Düsseldorf, Wien, 1965, 347 p., 41 fig., 34 phot., 22 tabl. – Météorite de Chinguetti : p. 141-142.

COMBES, Michel A., *La Terre bombardée*, France Empire, Paris, 1982, 255 p., 20 fig., 20 phot. – Météorite de Chinguetti : p. 82-83.

DE BURTHE D'ANNELET Lt Cl, *A travers l'Afrique française. Du Sénégal au Cameroun par les confins libyens et au Maroc (1935) par les confins sahariens*, tome I, Firmin Didot, Paris, 1939, 743 p. + annexes, nombr. fig. – Météorite de Chinguetti et site d'Aouinet : p. 128-130.

FUDALI, Robert F. et Dean R. CHAPMAN, "Impact survival conditions for very large meteorites, with special reference to the legendary Chinguetti meteorite", Mineral Sciences Investigations 1972-1973, George S. Switzer ed., *Smithsonian Contrib. to Earth Sci.*, 14, 1975, p. 55-62, 3 fig., 3 tabl.

FUDALI, Robert F. et P. J. CRESSY, "Investigation of a new stony meteorite from Mauritania with some additional data on its find site : Aouelloul crater", *Earth Planet. Sci. Lett.*, 30, 1976, p. 262-268.

GRAHAM, Andrew L., Alexander W. R. BEVAN et Robert HUTCHISON, *Catalogue of Meteorites*, British Museum (Natural History), Fourth Edition (Revised and Enlarged), 1985, The Garden City Press Limited, Letchworth, Hertfordshire and Univ.

of Arizona Press, p. 102. – Les coordonnées indiquées sont celles du cratère d'Aouelloul.

HEY, Max H., *Catalogue of Meteorites*, by G. T. Prior, 2nd Ed., Brit. Mus. (Nat. Hist.), London, 1953, p. 80. – Hey remplace la date de 1921 indiquée par Prior (1927) par 1920 (d'après Lacroix, 1927), mais cette date est également inexacte. Il indique comme coordonnées celles du cratère d'impact d'Aouelloul. Ces erreurs sont reprises dans les éditions ultérieures du catalogue (cf. Graham *et al.*, 1985).

HEYBROCK, Werner, "Grösster Meteorit der Erde, Das Rätsel um das Phänomen von Chinguetti", *Orion,* München, 12, 1957, n° 12, p. 966-973, 4 phot., 1 carte.

JAROSEVICH, Eugene et Brian MASON, "Chemical analysis with notes on one mesosiderite and seven chondrites", *Geochim. Cosmochim. Acta*, 33, 1969, p. 411-416, 1 tabl. – Chinguetti : p. 415.

KOEBERL, Christian, "Search for the Chinguetti (Mauritania) meteorite", in *Spirit of Enterprise*, the 1984 Rolex Awards, p. 206-209, 1 phot., 1 croquis.

LACROIX, Alfred, "Sur un nouveau type de fer météorique trouvé dans le désert de l'Adrar en Mauritanie", *C. R. de l'Acad. Sci.*, Paris, 179, n° 5 (séance du 4 août 1924), p. 309-313, 2 tabl. – Note présentée oralement le 28 juillet.

Traduction anglaise in LAPAZ et LAPAZ, 1954.

Compte Rendu par Henry HUBERT in *Bull. Et. Com. His. Sci.* AOF, VIII, 1925, p. 678-679.

– Il existe un tiré à part réunissant ces deux notes, repaginé.

LACROIX, Alfred, "Le Fer météorique de Chinguetti", *C.R. Acad. Sci. Col. Fra.* [1924-1925], 4, 1926, p. 354-355.

LACROIX, Alfred, "Les Météorites tombées en France et dans ses colonies et conservées au Muséum national d'Histoire naturelle", *Bull. Mus.*, 33, 1927, n° 5, p. 411-455 [Erratum n° 6 p. 571-572]. – Météorite de Chinguetti, p. 448-449. – La date de découverte indiquée est erronée (1920 au lieu de 1916-1917).

LAPAZ, Lincoln et Jean LAPAZ, "The Adrar (= Chinguetti), Mauritania, French West Africa, Meteorite (CN = 0127,202)", *Meteoritics*, 1, 1954, n° 2, p. 187-196, 1 carte.

MALAVOY, Jean, "The African Meteorite", *New York Times*, 10 oct. 1932. – Lettre de J. Malavoy à l'éditeur du *New York Times*, datée du 22 septembre 1932, à la suite de l'article de J. Stokley.

MAURAIN, C., "Sur la vitesse de chute des météorites", *Bull. Soc. Mineral.*, 54, 1931, p. 80-95. – Météorite de Chinguetti : p. 86.

MONOD, Théodore, "A l'Ouest, du nouveau – une exploration scientifique au Sahara occidental", *Sciences et voyages*, VIII, 1936, n° 12, p. 329-342, nomb. fig.

MONOD, Théodore, *Méharées, explorations au vrai Sahara*, Je Sers, Paris, 1937. – Météorite de Chinguetti p. 160-161 et p. 125-126 dans l'édition 1989, Actes Sud, Arles.

MONOD, Théodore, "Le Problème de la météorite de Chinguetti", in "L'Adrar mauritanien (Sahara occidental), esquisse géologique", II, appendice III, *Bull. Dir. Mines AOF*, Dakar, n° 15, 1952, p. 405-410.

MONOD, Théodore , "The problem of the Chinguetti [French West Africa] Meteorite [CN = 0127,202]", *Meteoritics*, 1, 1955, n° 3, p. 308-314. – Trad. par L. F. Brady de MONOD, 1952.

MONOD, Théodore, "Souvenirs sahariens d'un vieux géologue saharien amateur", *Travaux du Comité français d'Histoire de la géologie (COFRHIGEO)*, 2e série, t. IV, 1986, n° 6 (séance du 28 mai 1986), p. 47-54.

MONOD, Théodore, "New approaches to the Chinguetti meteorite problem", *Abstracts for the 52nd Annual Meeting of the Meteoritical Society*, 1989, Vienne, Autriche, et *Meteoritics*, 24, 1989, n° 4, p. 305.

MONOD, Théodore, "Données nouvelles sur le problème de la météorite géante de Chinguetti (Adrar, Mauritanie)", *C. R. Acad. Sci.*, Paris, 309, 1989, série II, p. 547-552, 3 phot., 1 croquis.

MONOD, Théodore, "La Singulière Histoire de la météorite géante de Chinguetti", p. 165-173, in Isabelle JARRY, *Théodore Monod*, Plon, Paris, 1990.

NEHRU, C. E., S. M. ZUCKER, George E. HARLOW et Martin PRINZ, "Olivines and olivine coronas in mesosiderites", *Geochim., Cosmochim. Acta*, 44, 1980, p. 1103-1118, 8 fig., 4 tabl.

PRIOR, G. T., *Appendix to the Catalogue of Meteorites*, Brit. Mus. (Nat. Hist.), London, 1927, p. 14. – La date de découverte indiquée (1921) est inexacte.

STOKLEY, James, "Ask France to hunt African Meteorite", *New York Times*, 6 septembre 1932.

STORZER, Dieter, "Fission track dating of some impact craters in the age range between 6,000 years and 300 Ma", *Meteoritics*, 6, 1971, p. 319.

UAI, *Transactions of the International Astronomical Union*, vol. IV, Fourth General Assembly, Cambridge, Mass., September 2-9, 1932, F. J. M. Stratton ed., Cambridge, At the University Press, 1933. – Météorite de Chinguetti : p. 118, 245, 285.

UAI, *Transactions of the International Astronomical Union*, vol. V, Fifth General Assembly, Paris, 10-17 juillet 1935, F. J. M. Stratton ed., Cambridge, At the University Press, 1936. – Météorite de Chinguetti : p. 139, 327, 373.

UAI, *Transactions of the International Astronomical Union*, vol. VI, Sixth General Assembly, Stockholm, 3-10 août 1938, J. H. Oort ed., Cambridge, At the University Press, 1939. – Météorite de Chinguetti : p. 160, 340, 402.

WASSON, John T., Rudolf SCHAUDY, Richard W. BILD et Chen Lin CHOU, "Mesosiderites – I. Composition of their metallic portions and possible relationship to other metal-rich meteorite groups", *Geochim. Cosmochim. Acta*, 38, 1974, p. 135-149, 4 fig., 2 tabl.

La carte à consulter est la feuille "Chinguetti" de la carte 1/200 000 de la république islamique de Mauritanie, dressée par l'Institut géographique national (n° NF - 28 - VI).

2. LISTE DES PIÈCES MANUSCRITES ET DES SOURCES D'ARCHIVES

BIBLIOTHÈQUE DE L'I.F.A.N. (Centre de documentation). Dossier météorite de Chinguetti.

1 - Note A. Lacroix (1924a) (voir bibliographie).

2 - Note A. Lacroix (1924b) (voir bibliographie).

3 - Rapport du lieutenant Bonnin à monsieur le capitaine commandant la subdivision de Chinguetti – Chinguetti, le 24 octobre 1924, 2 p.

4 - Lettre de J. Malavoy à H. Hubert – Chinguetti, le 24 février 1930, 2 p. C'est dans cette lettre que la mention d'une erreur

possible sur la direction apparaît pour la première fois : *"A Chinguetti même, j'ai trouvé une lettre de septembre 1924 du gouverneur de Mauritanie au commandant du cercle de l'Adrar, lui prescrivant de faire exécuter des recherches ; il y est joint une note, dont vous étiez vraisemblablement l'inspirateur, indiquant que la météorite se trouvait peut-être non pas à l'endroit indiqué, mais à 75 kilomètres au sud-est de Chinguetti."*

5 - Lettre de l'administrateur en chef des colonies Ripert, planteur à Monoun, à monsieur le gouverneur général de l'AOF – Monoun, le 8 février 1931, 2 p.

6 - Résolution votée en 1932 par l'UAI (voir bibliographie, 1933, UAI) – copie de la main de J. Bosler (1 p.). Cette copie est accompagnée d'une page de notes manuscrites concernant l'affaire, probablement de la main de Th. M., non datée.

7 - Lettre de G. Ripert à J. Bosler – Nice, Saint-Pierre de Féric, le 16 octobre 1932, 3 p. (reproduite dans le texte p. 50-53).

8 - Compte rendu de la visite de G. Ripert à J. Bosler à l'observatoire de Marseille, le 19 novembre 1932, 2 p. (reproduit dans le texte p. 54-55).

9 - Lettre du résident de Chinguetti à J. Bosler – Chinguetti, le 9 janvier 1933, 1 p.

10 - "La Grande Météorite de l'Adrar" – note de J. Bosler, Marseille le 1er mai 1933, 1 p.

11 - Lettre de P. Legoux, chef du Service géologique p. i. à Th. Monod – Dakar le 18 novembre 1933, 2 p.

12 - Lettre de J. Malavoy à Th. Monod – Bizerte, le 8 janvier 1934, 2 p.

12 bis - Lettre de J. Malavoy à Th. Monod – Bizerte, le 26 janvier 1934, 4 p. (voir fig. 12).

13 - Extraits de lettres dactylographiées (1 p.) :

– Capitaine Max Dévé à monsieur Pol Pagès, administrateur des colonies – Paris, le 26 janvier 1934.

– Pol Pagès, administrateur des colonies à Th. Monod – Saint-Louis, le 13 novembre 1934.

– Colonel Viviez au lieutenant J. Larroque (s.d.).

– E. Bruneau de Laborie au lieutenant Guennebaud – Atar, le 30 décembre 1928.

14 - Lettre de J. Bosler à Th. Monod – Marseille, le 5 février 1934, 6 p.

14 bis - Lettre de J. Bosler à Th. Monod – Marseille, le 10 mars 1934, 4 p.

Ces lettres constituent un exposé général de l'affaire et résument l'opinion de J. Bosler. Il y constate le médiocre intérêt que l'Administration coloniale semble manifester quant à la poursuite des recherches. Après sa rencontre avec G. Ripert, il demeure convaincu de l'existence de la météorite géante : il ne reste qu'à la retrouver sur le terrain : *"De l'enquête que j'ai faite, de la conversation que j'ai eue avec M. Ripert, un homme très bien (...), au surplus fort instruit, sans excepter la géologie, de mon enquête, dis-je, je crois pouvoir conclure* que le bolide existe vraiment *et qu'une erreur ou une confusion n'a pas pu se produire."*

15 - Lettre du capitaine G. de Linarès à Th. Monod – Saint-Louis (?), le 4 mai 1934, 4 p.

16 - Note manuscrite du lieutenant J. Larroque – Atar, le 6 mai 1934, 1 p.

17 - Lettre du gouverneur H. Gaden à Th. Monod – Saint-Louis, le 3 juillet 1934, 4 p.

18 - Lettre de G. Ripert à Th. Monod – Monoun, le 24 octobre 1934, 5 p. (Cette lettre est reproduite *pro parte* dans le texte p. 59 et voir aussi fig. 17.)

19 - Lettre du commandant Bouteil à Th. Monod – Dakar, le 24 mai 1935, 2 p.

20 - Lettre de J. Bosler à Th. Monod – Marseille, le 12 octobre 1935, 2 p.

20 bis - Lettre de J. Bosler à Th. Monod – Marseille, le 16 octobre 1935, 2 p.

21 - Lettres concernant la seconde résolution votée par l'UAI en 1938 :

– Le secrétaire général de l'UAI (J. H. Oort) à Son Excellence le ministre des Colonies – Leiden Sterrewacht, le 24 décembre 1938, 1 p.

– Le ministre des Colonies à monsieur le Gouverneur général de l'AOF – Paris, le 4 janvier 1939, 1 p.

– Réponse du gouverneur général de l'AOF p. i. au ministre des Colonies – Dakar, s.d., 2 p.

22 - Lettre de J. Bosler à Th. Monod – Marseille, le 4 avril 1951, 2 p.

23 - Correspondance échangée entre Th. Monod et G. Ripert :

– Th. Monod – Paris, le 18 avril 1951, 1 p.

– G. Ripert – La Trinité-Victor, le 24 mai 1951, 2 p.

– Th. Monod – Paris, le 29 mai 1951, 1 p.

– G. Ripert – La Trinité-Victor, le 6 juin 1951, 1 p.

Interrogé par Th. Monod au sujet de notes qu'il aurait consignées à son retour d'expédition en 1916 (notes évoquées notamment dans une lettre de G. Ripert lui-même, adressée le 8 février 1931 au gouverneur général de l'AOF), Gaston Ripert répond : *"D'autre part je n'ai pas pris de notes au sujet du trajet que j'avais suivi, en aveugle, sous la conduite de Sid Ahmed : je m'y étais engagé auprès de lui, et j'estime qu'une parole donnée à un indigène est aussi valable qu'une parole donnée à un Blanc. Et j'ai été cruellement puni de mon indiscrétion en en parlant à mon ami Hubert, lui en parlant à titre confidentiel et amical.*

"Je souhaite vivement que votre exploration géologique de l'Adrar vous conduise sur la piste de la météorite et, à mon point de vue personnel, démontre que je ne suis ni un farceur ni un imbécile."

Il confirme ainsi qu'il n'a pas pris de notes au cours de son expédition, mais semble avoir oublié le compte rendu qu'il en aurait rédigé à son retour. Son amertume concernant cette affaire apparaît ici encore clairement.

Par ailleurs, interrogé à nouveau par Th. Monod au sujet de la direction prise, il semble penser que la direction SW est sans doute due à un lapsus, la direction réelle étant SE.

24 - Correspondance échangée entre Th. Monod et le colonel P. Borricand, en 1951.

– Lettre de Th. Monod – Paris, le 18 avril 1951, 2 p.

– Lettre de P. Borricand – Atar, le 28 avril 1951, 2 p.

– Note de P. Borricand – Atar, le 30 avril 1951, 1 p.
– Lettre de Th. Monod – Paris, le 8 mai 1951, 2 p.
– Lettre de Th. Monod – Paris, le 21 mai 1951, 2 p.
– Lettre de P. Borricand – Atar, le 29 mai 1951, 2 p.
– Lettre de P. Borricand – Atar, le 29 octobre (?) 1951, 1 p.

Ces deux dernières lettres rapportent une ou plusieurs entrevues entre P. Borricand et Bazeïd. Ce dernier répète ce qu'il avait antérieurement déclaré à Th. Monod (voir p. 78). De plus, dans l'avant-dernière, P. Borricand confirme l'identité du guide présumé de G. Ripert : il s'agit bien de Sidi Ahmed Ould Zeïn, chef des Ida Ouali Ahel Abdi.

25 - Lettre de Th. Monod à J. Gallouédec – Paris, le 19 avril 1951, 1 p.

26 - Lettre de L. Pontier à Th. Monod – Paris, le 31 mai 1951, 2 p.

27 - Lettre du général de division Garbay à Th. Monod – Dakar, le 2 mai 1955, 1 p.

27 bis - Lettre du général Doumergue à Th. Monod – Saint-Louis, le 18 mars 1955, 1 p.

La première de ces lettres, accompagnée d'un croquis, rend compte des recherches sans résultat effectuées par plusieurs unités militaires dans les dunes situées au SE de Chinguetti. La seconde consiste également en un compte rendu des mêmes recherches.

ARCHIVES DE L'ACADÉMIE DES SCIENCES

Dossier A. Lacroix

– Lettre de J. Malavoy à A. Lacroix – Bizerte, le 8 janvier 1934, 2 p.

Fonds correspondance A. Lacroix (pochette H. Hubert)

– Lettre de H. Hubert à A. Lacroix – Dakar, le 26 mars 1921, 4 p.

Il est question, dans cette lettre, d'un projet d'article de A. Lacroix au sujet de la météorite de Chinguetti, et destiné au *Bull. Com. Et. Hist. Scient. AOF,* article qui semble n'avoir jamais été publié, ni même rédigé.

Par ailleurs, l'expéditeur sollicite l'envoi d'un fragment du petit bloc météoritique pour la collection de Dakar (voir p. 95).

– Lettre de H. Hubert à A. Lacroix – Dakar, le 18 novembre 1924, 2 p.

Dans cette lettre, il est à nouveau question du projet d'article destiné au *Bull. Com. Et. Hist. Scient. AOF.*

De plus, H. Hubert y fait allusion aux recherches demandées par l'intermédiaire du gouverneur de la Mauritanie au commandant du cercle de l'Adrar.

Dossier J. Bosler (voir également correspondance J. Bosler dans le dossier I.F.A.N.)

– Lettre à A. Lacroix – Marseille, le 2 avril 1930, 8 p.

– Lettre à A. Lacroix – Marseille, le 9 août 1932, 2 p.

– Copie adressée à A. Lacroix d'une lettre que J. Bosler a reçue de J. Malavoy, en date du 22 septembre 1932, concernant l'article du *New York Times* du 6 septembre 1932.

– Copie adressée à A. Lacroix de la résolution votée en 1932 par l'UAI.

– Lettre à A. Lacroix – Marseille, le 6 octobre 1932, 4 p.

Dans cette lettre, J. Bosler fait, avec justesse, remarquer le peu de vraisemblance d'une confusion entre un grès et la matière météoritique, G. Ripert ayant disposé d'un échantillon pour la comparaison (voir fig. 16).

– Lettre à A. Lacroix – Marseille, le 3 février 1933, 2 p.

– Lettre à A. Lacroix – Marseille, le 5 mai 1933, 2 p.

– Lettre à A. Lacroix – Marseille, le 23 septembre 1933, 4 p.

– Lettre à A. Lacroix – Marseille, le 19 novembre 1934, 6 p.

– Lettre à A. Lacroix – Marseille, le 15 décembre 1938, 4 p.

Cette lettre fait suite à la seconde résolution votée par l'UAI en 1938 à Stockholm. Obtiendra-t-on que l'administration de l'A.-O.F. participe enfin activement à la recherche de la météorite de Chinguetti ?

– Lettre à A. Lacroix – Marseille, le 13 février 1939, 4 p.

Laboratoire de minéralogie du Muséum national d'Histoire naturelle, Galerie de minéralogie

– Lettre du gouverneur du Cameroun L. Fourneau à A. Lacroix – Douala, le 7 novembre 1918, 2 p.

Cette lettre accompagne l'envoi d'une collection de roches volcaniques recueillies en 1918 par Gaston Ripert, dans la région de Dibi (N'Gaoundéré). Le grade de licencié ès sciences de G. Ripert y est mentionné.

– Lettre de H. Hubert à A. Lacroix – Dakar, le 22 novembre 1925, 2 p.

Cette lettre explique comment, après que de nombreux échantillons eurent disparu (dans un événement manifestement déjà connu du destinataire et qui n'est pas précisé), *"la collection de roches de Dakar est maintenant à peu près remontée"*. Elle est accompagnée d'une photo, reproduite fig. 4. Il n'est pas totalement impossible qu'un fragment du petit bloc de 4,5 kg, adressé en retour par A. Lacroix à H. Hubert, ait été perdu dans ce même événement (voir p. 97).

– Lettre du lieutenant gouverneur de la Mauritanie Choteau à A. Lacroix – Saint-Louis, le 19 novembre 1929, 2 p.

A cette lettre est jointe la copie d'une lettre adressée à monsieur le commandant du cercle de l'Adrar, Atar, en date du 19 novembre 1929, 2 p., lui prescrivant de faire exécuter des recherches. Cette dernière lettre est reproduite dans le texte p. 29-30.

– Lettre de J. Malavoy à A. Lacroix – Dakar, le 15 août 1930, 2 p.

– Lettre de J. Malavoy à A. Lacroix – Dakar, le 27 septembre 1932, 1 p.

Cette lettre est accompagnée d'une copie de la lettre adressée par J. Malavoy au rédacteur en chef du *New York Times* (datée de Dakar, le 22 septembre 1932, 2 p.), lettre qui est reproduite *pro parte* dans le texte p. 33 et dans sa version anglaise publiée dans le *New York Times*, fig. 11.

– Catalogue de la collection de météorites du MNHN.

Au moment de l'entrée en collection des différents fragments de la petite météorite de Chinguetti, ce catalogue était tenu par A. Lacroix. Les pages correspondant à ces échantillons sont reproduites fig. 6 et 8.

ARCHIVES DE L'ACADÉMIE DES SCIENCES D'OUTRE-MER

– "Henry Hubert", discours prononcé par M. Alfred Lacroix, secrétaire perpétuel de l'Académie des sciences à la séance du 19 décembre 1941 de l'Académie des sciences d'outre-mer.

Notice nécrologique. Le bouleversement qui a affecté les collections du Musée géologique de Dakar, réunies par H. Hubert, y est mentionné. Il n'est pas impossible qu'un fragment du petit bloc météoritique de Chinguetti, expédié en retour par A. Lacroix à H. Hubert, ait disparu à cette occasion (voir p. 97).

SOURCES DIVERSES

Document gracieusement prêtés par le Dr. R. Fudali (Smithsonian Institution, Washington) :

– Lettre de J. Bosler au Pr. C. P. Olivier, président de la commission "Etoiles filantes" de l'UAI, Marseille, le 14 novembre 1933, 4 p.

J. Bosler y apporte des précisions concernant son enquête, qui ne figurent nulle part ailleurs. On y apprend ainsi que J. Bosler a eu l'occasion de s'entretenir avec H. Hubert à Paris (après avoir vu G. Ripert), et que celui-ci est convaincu de la véracité des dires de G. Ripert, et de l'existence de la météorite géante. On y apprend également que G. Ripert parlait couramment l'arabe (assez pour surprendre une conversation entre chameliers), et que, familier avec la géologie, il a eu, à plusieurs reprises, l'occasion de faire des expéditions de récolte d'échantillons pour le compte des Services géologiques de l'AOF.

– "Rapport sur la mission de prospection effectuée dans la région de Chinguetti" par A. Pourquié – Suresnes, le 14 juillet 1938, 29 p., 2 cartes.

A. Pourquié y décrit longuement sa mission à la recherche de la météorite, commanditée par la Société française d'exploration minière (voir p. 81-83). Ce rapport était, semble-t-il, accompagné de nombreuses photos, qui ne nous sont malheureusement pas parvenues.

– "A Mystery of the Sahara", rapport par C. P. Olivier, sans date et apparemment inachevé, version manuscrite (très peu lisible, 18 p.) et copie dactylographiée (15 p.).

Le Pr. C. P. Olivier y dresse un historique très complet de l'affaire et notamment du rôle des astronomes. Il explique comment les Américains, et en particulier D. M. Barringer (géologue ayant établi l'origine météoritique du Meteor Crater), sont à l'origine de la mission Pourquié, décrit les résultats de cette mission, y compris en ce qui concerne l'origine du cratère d'Aouelloul.

ARCHIVES PERSONNELLES TH. MONOD

– Note manuscrite (non signée – peut-être de la main de J. Larroque, 1 p.) rapportant l'interrogatoire de plusieurs indigènes de la région de Chinguetti. Cette note porte la date (ultérieurement ajoutée ?) du 6 juin 1934.

– Journal de Th. Monod pour l'année 1934.

– Lettre de J. Gallouédec à Th. Monod – s.d., probablement aux alentours de 1980.

Cette lettre est reproduite *pro parte* dans le texte p. 85-88.

– Dessin exécuté par B. Lamarche d'après les indications de J. Gallouédec et représentant l'"accident cratériforme" décrit par ce dernier.

Ce dessin est reproduit fig. 20.

GLOSSAIRE

Adrar : montagne (nom d'origine berbère).

Aïn, pl. *ayoun* (litt. : œil) : point d'eau (source, puisard...).

Aklé : type particulier de dunes basses étroitement soudées, et de traversée souvent difficile.

Ayoun : voir *aïn*.

Batha (pl. *btâh*, variante rare *btah*) : lit sablonneux d'un oued.

Cadi : notable exerçant les fonctions de juge.

Cherg : direction sud à sud-est.

Dhar : surface du grand plateau ordovicien. Mot souvent utilisé pour désigner la falaise limitant ce dernier qui se dénomme le *Heït*.

Dhaya : mare pluviale temporaire, en plaine.

Djebel : montagne (nom d'origine arabe).

Erg, pl. *rug* : massif dunaire.

Gara, pl. *gour* : butte-témoin.

Gleïb, pl. *gleïbat* : petit guelb.

Guelb : butte résultant de la présence d'une partie indurée du substratum, dégagée par l'érosion (dim. *gleïb*).

Guelta : citerne naturelle en milieux rocheux (oued, canyon...).

Guerba : outres de peau de chèvre.

Hammada : étendue structurale rocheuse occupant le plus souvent la surface d'un plateau.

Hammiré : ocre rouge.

Khenga, pl. *khneg* : défilé.
Ksar : village, le plus souvent de pierres sèches ; lieu fortifié.
Ksourien : habitant du ksar.

Mallem : forgeron.

Oglat : puisard.

Rag (var. *reg*, pl. *rgougat*) : étendue de sol dur, dénudée, parfaitement unie, et le plus souvent couverte de graviers ou de débris de roches.

"Sba" : erreur de transcription pour *sbot.*
Sbot : *Stipagrostis pungens*, grande graminée des sables sahariens.
Sebkha : dépression salée, souvent de couleur blanche en raison des efflorescences superficielles de chlorure de sodium.
Silk : élément dunaire longitudinal particulièrement étroit et parfois de grande longueur (litt. : fil).

Talha : *Acacia raddiana*, arbre épineux saharien (Mimosacées).
Tayaret : vallée interdunaire.
Titarek : *Leptadenia pyrotechnica* (fam. Asclépiadacées), buisson poussant dans les sables.
Trab : pays ou région.

INDEX BIOGRAPHIQUE DES NOMS DE PERSONNES

ABDALLAH OULD BEIDA, forgeron de Chinguetti.

ABD ER RAMAN OULD ZEÏN, frère de Sidi Ahmed Ould Zeïn.

AHMADOU MAHMADOU BA,

AHEL ABDI, fraction de la tribu des Ida Ouali à laquelle appartenait Sidi Ahmed Ould Zeïn.

AHEL CHOUMAD, fraction de la tribu des Kounta de Ouadane.

AMGARIJ, tribu de l'Adrar.

BAZEÏD, interprète de G. Ripert en 1916-1917 à Chinguetti, il a ensuite exercé sa fonction à Atar où Th. Monod l'a rencontré en 1934.

BLANCHET, P., géologue, chef d'une expédition géologique dans l'Adrar en 1900.

BONNIN (lieut.), a effectué une recherche de la météorite en 1924.

BOSLER, Jean (1878-1973), directeur de l'observatoire de Marseille et professeur à la faculté des sciences. S'est vivement intéressé au problème de la météorite de Chinguetti à partir des années trente et a poursuivi son enquête auprès de G. Ripert lui-même. Voir p. 54-55 le compte rendu de la visite effectuée par G. Ripert à l'observatoire de Marseille en 1932 (voir aussi fig. 15).

BOUTEIL (chef de bataillon), commandant le cercle de l'Adrar en 1934. Rencontré par Th. Monod notamment le 5 juin de cette année.

BRUNEAU DE LABORIE, Emile Louis Bruno (1871-1930), voyageur, explorateur et chasseur. Auteur de *Du Cameroun au Caire par le désert de Libye*, Paris, Flammarion, 1924. A recherché la météorite en décembre 1928-janvier 1929.

CHEVALIER, Auguste (1873-1956), botaniste, professeur au Muséum, membre de l'Institut.

CHOTEAU, lieutenant gouverneur de la Mauritanie en 1929.

COUREL, Marie-Françoise (1942), géographe. Laboratoire IMAGEO du CNRS.

DAHA OULD CHOUMAD, chef des Ahel Choumad.

FERRY, Françoise, participe à la mission de décembre 1988 avec Th. Monod au guelb Aouinet.

FONTES, Pierre, maître de conférences, université Paris-XI, C.S.N.S.M., Orsay.

GALLOUÉDEC, Jacques, officier de l'armée de l'air. Auteur en 1980 d'un rapport adressé à Th. Monod et reproduit *pro parte* p. 85-88. Ce rapport décrit un accident circulaire dans les dunes du sud-est de Chinguetti et non retrouvé depuis.

HUBERT, Henry (1879-1941), géologue et météorologiste. Ancien élève de A. Lacroix au Muséum. Il était administrateur des colonies en poste à Dakar en 1917, et c'est par son intermédiaire que la météorite découverte par G. Ripert a été transmise à A. Lacroix. (Voir fig. 4).

IDA OUALI, tribu.

JAYET (capit)., officier méhariste bien connu, ayant participé aux recherches sur le terrain en 1924 et offert, semble-t-il, une récompense.

KOUNTA, tribu.

KOEBERL, Christian, chercheur, université de Vienne.

LACROIX, Alfred (1863-1948), professeur de minéralogie au Muséum national d'Histoire naturelle, secrétaire perpétuel de l'Académie des sciences. C'est lui qui a étudié l'échantillon recueilli par G. Ripert et transmis par H. Hubert. Sa note publiée en 1924 aux *Comptes Rendus de l'Académie des sciences* constitue notre document le plus ancien sur l'affaire. Elle est reproduite p. 19-29 (voir aussi fig. 5).

LAGHLAL, tribu.

LAMARCHE, Bruno, professeur de sciences naturelles, auteur d'une importante thèse sur les oiseaux de la Mauritanie et du Mali. A participé à une mission avec Th. Monod en 1988.

LARROQUE (lieut.), Jean, officier méhariste bien connu pour sa contribution à l'établissement de la carte de Mauritanie. Etait présent à Atar lors du passage de Th. Monod en mai 1934.

LE BIHAN (lieut.), chef de la subdivision de Chinguetti en 1934.

LINARÈS (cap. de), rencontré par Th. Monod à Saint-Louis en 1934, il lui fournit des informations provenant d'un mallem de la région de Chinguetti.

LUTHÉREAU (lieut.), interprète en poste à Atar en 1934.

MAUREL (lieut.), a effectué des recherches sur le terrain en 1929.

MALAVOY, Jean, ingénieur du corps des mines. Chef de la section des mines de l'inspection générale des Travaux publics à Dakar. A participé en 1930 à la recherche de la météorite. Est demeuré convaincu de l'inexistence de la météorite géante. (Voir fig. 11-12.)

MOHAMMED ABDALLAH OULD CHEIKH EL HAMANI, cadi de Chinguetti (1934).

MOHAMMED EL AMNIR OULD HAMOUD, informateur, Chinguetti.

MOHAMMED EL BÉCHIR, chef des Laghlal.

MOHAMMED EL HAFFER, notable des Ida Ouali de Chinguetti.

MOHAMMED EL SRAÏR, informateur, Chinguetti.

MOHAMMED OULD EL BÉCHIR, cadi adjoint de Chinguetti.

MONOD, Ambroise, fils de Th. Monod ayant participé au voyage de décembre 1988 à Aouinet N'Cher.

MONOD, Théodore, professeur honoraire au Muséum national d'Histoire naturelle. A participé à plusieurs reprises à l'élucidation du problème de la météorite de Chinguetti (voir fig. 18).

PELLAS, Paul, dir. rech. CNRS, Paris. Spécialiste des météorites. A participé à une mission du Muséum à Aouinet, octobre 1989.

PERRON, Claude, charg. rech. CNRS, Paris. Spécialiste des météorites. A participé à une mission du Muséum à Aouinet, octobre 1989.

POURQUIÉ, André, prospecteur. A effectué une mission de deux semaines à la recherche de la météorite géante en 1938, et découvert à cette occasion le cratère d'Aouelloul.

PROKOP, Karel, cinéaste réalisateur. A tourné en 1988 deux films relatant les recherches effectuées par Th. Monod dans les dunes du SE, puis aux alentours d'Aouinet N'Cher.

RIPERT, Gaston (1881-1957), a découvert la météorite en 1916. Voir le chapitre 3 qui lui est consacrée (et la fig. 14).

SID AHMED OULD ZEID, ce nom correspond probablement à une orthographe erronée de Sidi Ahmed Ould Zeïn.

SIDI AHMED OULD ZEÏN (?-janvier 1917), notable de la fraction des Ahel Abdi des Ida Ouali, chef des Ida Ouali et du village de Chinguetti. Aurait accompagné G. Ripert à la pierre. Une rumeur prétend que sa mort, survenue en janvier 1917, n'aurait pas été totalement naturelle.

TALIB OULD ZERROUQ, notable appartenant à la fraction des Ouled Abdi. Parent de Sidi Ahmed Ould Zeïn.

ZANDA, Brigitte, maître de conférences au Muséum national d'Histoire naturelle. Spécialiste des météorites. A accompagné Th. Monod à Aouinet N'Cher en décembre 1991 lors d'un voyage nature organisé par la Fondation Ushuaïa.

TABLE

CRÉDITS PHOTOGRAPHIQUES

© Muséum national d'Histoire naturelle, Paris : illus. 3, 4, 5, 6, 7, 8, 9, 19.
© Karel Prokop : illus. 23, 24.
© Archives de l'Académie des sciences, Paris : illus. 15, 16.
Prêts Théodore Monod : illus. 2, 12, 14, 17, 18, 20, 21 (source Imageo).
Prêt Brigitte Zanda : illus. 22.

OUVRAGE RÉALISÉ
PAR LES ATELIERS GRAPHIQUES ACTES SUD
PHOTOCOMPOSITION : SOCIÉTÉ I.L.,
A AVIGNON.
REPRODUIT ET ACHEVÉ D'IMPRIMER
EN NOVEMBRE 1992
PAR L'IMPRIMERIE FLOCH
A MAYENNE,
SUR PAPIER DES
PAPETERIES DE JEAND'HEURS
POUR LE COMPTE DES ÉDITIONS
ACTES SUD
LE MÉJAN
13200 ARLES

DÉPÔT LÉGAL
1re ÉDITION : NOVEMBRE 1992
N° impr. : 33259.
(Imprimé en France)